U0939154

刘　丽◎编著

女人幸福一生的9个忠告

引领女人的幸福旅程

天津科学技术出版社

图书在版编目(CIP)数据

女人幸福一生的9个忠告 / 刘丽编著.– 天津:天津科学技术出版社,2011.1

ISBN 978-7-5308-6184-4

Ⅰ.①女… Ⅱ.①刘… Ⅲ.①女性 – 幸福 – 通俗读物 Ⅳ.①B82-49

中国版本图书馆CIP数据核字(2011)第000596号

责任编辑:张　萍

责任印制:白彦生

天津科学技术出版社

出版人:蔡　颢

天津市西康路35号 邮编300051

电话(022)23332398(事业部)23332697(发行)

网址:www.tjkjcbs.com.cn

新华书店经销

北京中兴印刷有限公司印刷

开本710×1 000 1/16 印张16 字数207 000

2011年4月第1版第1次印刷

定价:32.00元

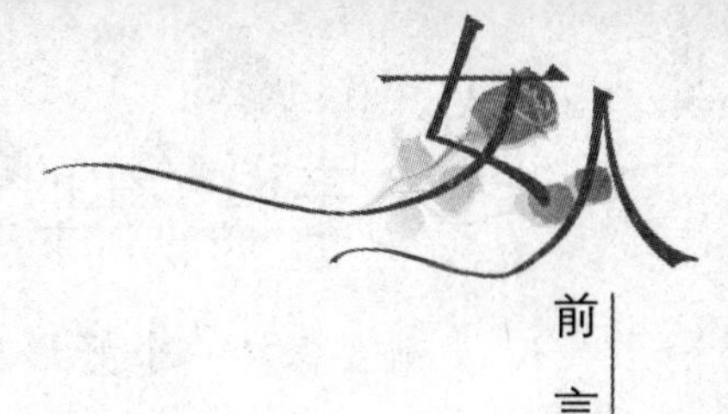

前 言

女人似乎天生就喜欢算命、八卦、相面、测字，女人似乎天生就渴望有变化，希望自己的人生中出现奇迹。但人的命运似乎从来就不公平，有的人生下来就像小公主一样被呵护，而有的就像灰姑娘，一切要靠自己去奋斗。

作为一个女人，在这个节奏飞快、竞争激烈的社会中，活得是很辛苦的。有的女人将美丽作为自己的资本，不过岁月的风刀霜剑很快会让她的韶华逝去。况且，一个没有内涵的花瓶女人是不会得到别人真正的尊重的。而有的女人则为了事业而奔波忙碌，失去了生活中的优雅自如。

个人、家庭、事业之间的平衡，对于很多女人来说是一道解不开的谜题。究竟人生的幸福如何去获得，如何改变我们的命运，相信这是女人们最关心的问题。

有句话说，做女人难，做好女人更难。这话说得很有道理。虽然如今是男女平等的社会，但女人毕竟是女人，受一些传统思想观念的影响和现实生活的局限，有些方面还是不能与男人相比的，大多数的女人要顾及孩子和家庭，不可能事业和家庭兼顾圆满。

“每天微笑面对生活，把平凡的生活看成一朵花，是一种幸福和智慧。”这是我的一个朋友的QQ个性签名。一句看似简单的话，却充满着人生的哲理，也折射出一个女人的智慧。在她看来，微笑面对平凡生活就是一种幸福。

但女人需要处理的社会关系比男人复杂：在单位里要能独当一面，在家庭里要做贤妻良母，在老人面前要做个孝顺的女儿，在社会上则要保持一个好形象。这其中只要有一个环节处理不好，都会带来无穷的烦恼，让女人的生活距离幸福越来越远。

所以，身为当今的女性要想获得成功和幸福，就要从多方面来修炼自己，需要一个通晓做人玄机、精通女人智慧的高手教你一些实用的原则和技巧。

《女人幸福一生的9个忠告》从气质、心态、口才、爱情、理财、人脉、职场、婚姻、处世等多角度入手，给女人提出一些忠告，深入浅出地阐述了女人幸福一生需要注意的九个方面。本书贴近现代女性的真实生活，引领女性内心的快乐诉求，是探讨女人怎样才能走上幸福成功之路的最佳读本。

帮助女性朋友成为一个成功和幸福的女人，是本书编写的宗旨。希望本书能成为帮助女性朋友追求自身最佳状态的快乐读本，通过阅读本书，从中收获成功，获得幸福。

目录

第三个忠告 会说话会办事，把“女色”当资本

第四个忠告 小心恋爱陷阱，别被男人“闪”了腰

第五个忠告 合理使用金钱，别忘投资自己

第一个忠告 你可以不漂亮，但不要丢了气质

有些女人虽然长得很漂亮，打扮也很潮流，但却不能给人美感；而有些相貌平平的女人，却反而有一种让人神魂颠倒的妩媚。为什么会出现这种情况呢？其实，主要是气质在起作用。气质是一种修养，是内涵的展现，是在城市流动的喧嚣中洗练出的一种超凡脱俗的“宁与静”。气质一旦形成，就会从人的“骨子里”冒出来。所以，即使你天生不属于那种靓丽的美女，但也不要灰心丧气，因为你还可以拥有气质。气质会让你神采奕奕，在女人堆中显示出与众不同的美。

女人的气质在于灵性

每一个女人都在追寻美丽，追寻品位，追寻高雅，可总也找不到属于自己的气质定位。其实，女人的气质在于她的灵性。

作为女人，是没有任何高低贵贱之分的。要想成为一个优秀的女人，除了美貌，还必须要有灵性，否则就会沦为花瓶。如果你没有美貌，却有灵性，照样会成为迷人的女人。

一个女性如果只靠各种化妆品来修饰自己，生命必定是空白一片。而内在的气质美却可以延缓衰老，并给人一种看上去很年轻的感觉，在他人心中留下深刻的印记。

女人的气质在于灵性，灵性是一种妙不可言的感觉，你可以感受到一个有灵性的女人给你带来的精神愉悦。有灵性的女人一定是智慧的女人，识时务的女人。有灵性的女人很少世故，也没有城府，更不会势利，有一种不落俗套的超脱，不会让他人的言行左右自己。和一个有灵性的女人在一起，没有精神上的压力，没有负担；有灵性的女人不会钻牛角尖，不会为一句话而耿耿于怀，更不会失去生活的热情。

一个有灵性的女人无论在任何情况下，都会轻而易举地化解身边的矛盾，会把困难当做玩笑，会把危险当做挑战。一个有灵性的女人是水的化身，有水的特质，无欲无求，不会把自己拘泥于一个固定的模式。她会像水一样随容器的形状而变，像水一样流动。

灵性是女人智慧中的最高层次，而绝非那些小聪明、鬼精明。有灵

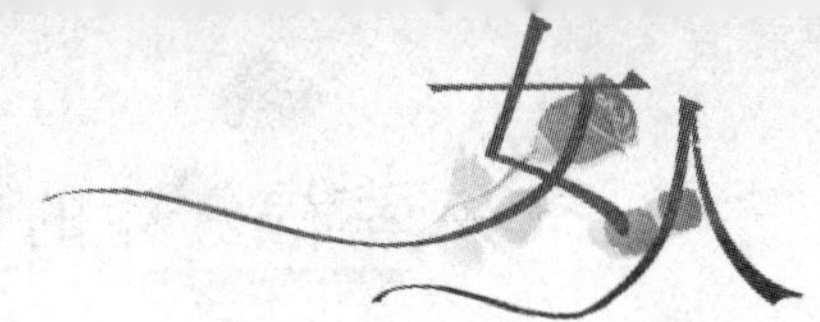

性的女人天生慧质，善解人意，善悟人生的真谛。她极其单纯，在单纯中却有一种惊人的深刻。有灵性的女人必定有大家气度和大家风范。

灵性是女人智慧的象征；灵性是女人情感的流露；灵性是上天赋予女人最好的生存方式和力量。女人可以不漂亮，但不可以没有灵性。

有灵性的女人懂得如何刚柔并济，有时似一盆火，有时如一块冰；有时似一杯茶，有时如一杯纯酿。她们在男人得意的时候给予提醒，在男人失意的时候给予安慰。温柔中带着刚强，丰富的内涵给人以新奇，宽容的胸襟使人敬慕。

所以，女性要寻找属于自己的灵性，要在精神上树立独立的自我，找回真实的自我。

人们可以在学习中丰富知识，可以在工作中积累经验，可以在生活中增长见识。所以女人不仅要有灵性，还不能少了智慧。

智慧是气质女人不可或缺的养分，秀外慧中，恰到好处地解释了这个浅显的道理。

智慧一点点地从内心雕琢一个人，塑造一个人。智慧使女人能真正地把握好自己，并获得从容自信，最后从周身透出脱俗的气质，从人群中脱颖而出。

培养良好的气质，需要我们根据自身的特点来完善和塑造自我，这需要不断地加强自我修养，学习文化知识。

高尔基说过："知识如人体的血液一样的宝贵，人缺少血液，身体便要衰弱，人缺少知识，头脑就要枯竭。"文化知识浅薄的人，不管外貌多么美丽，充其量只是躯壳。

要懂得生活，就要付出时间和努力，保持健康的灵性，做一个书卷气与脂粉气并存的现代女性，享受生命的每一天，这才是女人与灵性的完美结合。

让我们做一个有灵性的女人，做一个有"女人味"的女人，做一个真正的女人吧。

写给女人的心里话

在灵性女人的眼里，一切事物都可以变得美好，灵性女人能像磁场一样把人们紧紧地吸引，周身充满了来自骨子里的魅力。一个现代女人必须要有灵性，才能赢得大家的青睐，才能表现出自己独特的魅力，吸引众人的目光。

打好礼仪这张牌

我国自古便是礼仪之邦，尤其是中国女性礼仪之美，自古便让人神往。从《诗经》中的“窈窕淑女”，到《洛神赋》中的“瑰姿艳逸，仪静体闲。柔情绰态，媚于语言”，再到《红楼梦》中对林黛玉的描写“闲静时如姣花照水，行动处似弱柳扶风”，处处都显示出淑女的风范。

如今，漂亮的女人随处可见，而举止优雅、仪态万千的女人却难得一见，因为美丽的外表可以借助化妆品或服装来打造，而礼仪素养的培养却需要一生去坚持。

曾听过这么一个故事。

在北京一家高级餐厅里，央视一知名主持人起身去洗手间，也许是红酒喝得稍多了一点，也许是脑子里的事多了一些，他不小心推开了女士洗手间的门，无意中看见一个精心修饰的女人穿着五厘米以上的高跟鞋蹲立在马桶上。他当时完全呆住了，本来不小心误入，人会条件反射地致歉赶紧退出，不过他真的惊呆了，实在被眼前这个穿着这么体面的女人像飞鹤一般的场景弄傻了，完全不知所措。然后是那女人的尖叫，然后是他仓皇逃出。接着那个女人昂着头，迈着骄傲的步子像没发生过任何事，从他的座位旁飘然走过。

这不由得让人浮想联翩：难道很多女人在洗手间是站在马桶上的？很细的高跟鞋，很滑、很窄的马桶边缘……更绝的是当一个男人这样描述女人时，我们听后是会笑、会哭，还是哭笑不得呢？

也许你经常抱怨，自己长得并不丑，可怎么就不讨人喜爱呢？也许你经常哀叹，自己都快成半老徐娘了，可怎么就找不到自己人生中的另一半呢？原因很简单，因为你没有打好礼仪这张牌，或许在你的词典里，根本就没重视过礼仪这个词语。

在生活中，一些长得并不出众的女孩，却有很好的人缘，原因就是她们注重礼仪。所以，要想成为讨人喜欢的女人，富有气质的女人，就从礼仪做起吧。

讲究礼仪，并不是简单的表面功课，而是发自内心地尊重周围的朋友、家人。女人有着天然的母性，当这种母性中融入知礼之心，她便是一个完美的可爱女人。这种可爱不是装腔作势，也不是不通世事，而是发自内心地让人敬爱、亲近。

一个女人要想魅力十足，在一举手、一投足、一颦一笑之间都要以仪表和仪态的形式表现。

世界上有位著名形象设计师这样说："很多有价值的学习机会就存在于那些最不引人注意的小节中，如吃饭、穿衣、走路、站立等。这些看起来如此平凡、无关大局的细节是筑成你形象大堤的泥土。"事实的确如此，一个外表十分美丽的女人，也会被那些看似微小的礼仪细节吞噬掉她的形象魅力。

尽管女人的气质需要有一定的天赋，但还是可以学习和增进的，礼仪便是一个有效的途径。圣罗兰说优雅是从 17 岁开始学的，是有道理的。所以，从现在开始，就好好用心学习做气质女人的礼仪，让礼仪成为伴随终生的习惯。

一、重视握手的礼仪

与人握手表示尊重或礼貌，是日常生活中常用的礼节。握手虽然是一个小小的动作，但也包含了很多的礼仪规则，有很多需要注意的地方。只有在适当的时候伸出手才更能显示你的气质。如果你伸出了手，别人却不搭理你，多尴尬啊。那么，你跟别人握手时，谁先伸手更加合乎礼仪呢？

男人和女人在社交场合见面时，一般规则是由女人先伸手。当然，假如你是一个女孩子，万一碰到一个男同志不太自觉，他先伸手了，也别让他伸出来的手回不去，否则他会很尴尬。

有一次，见过一个极度尴尬的场面。有人替两个人介绍说："这位是孟先生，这位是侯小姐。"当时，那位孟先生一下就把手先伸出去了，没想到侯小姐端架子，不搭理他。孟先生的手回不去了，在那儿死撑，足有二三十秒。侯小姐还是不配合，后来他一着急，"蚊子！"他转手去打莫须有的蚊子，实在是不幽默。

结果，孟先生的脸上都出汗了，他实在没办法，只能给自己找一条退路。当然，那位侯小姐也太小气了，该握手还是要握的。

握手的次序一般是：男人和女人握手，一般是女人先伸手；晚辈和长辈握手，一般是长辈先伸手；上级和下级握手，一般是上级先伸手；老师和学生握手，一般则是老师先伸手。主人应先向到访的客人伸手；客人告辞时，应首先伸出手来与主人相握等。

当然，这种次序也不是死的，要分场合。比如，你是个女孩子，你是公关经理；我是个男人，但我是董事长。如果大家在一块玩，则不讲职务。女孩已经成年了，尊重妇女是一种教养，所以是女孩的地位高。那么双方握手，则应该由女孩子先伸手。

另外，需要注意的是，握手还有一定的忌讳。

1.不要拒绝对方主动要求握手的举动

在生活中，不要轻易拒绝对方主动要求握手的举动，否则，会显得你小气而又无礼，除非你有很正当的理由。如果因为对方手上不干净，则要和对方解释清楚并致以歉意。

2.不要心不在焉

在握手时不看着对方，表情呆板，不说话，眼神他顾，或心不在焉

地握手，还不如不握手。所以，握手时要专心致志，面带微笑，看着对方，但笑容要适当，不要让人感到轻浮或强烈要接触男人的感觉。另外，握手的手劲也要分对象。同性握手时，手劲可以略大些，这样会加强亲密感；而男女握手时，手劲要小些，否则会让对方产生感情方面的误解。

3.不要戴着手套握手

国际惯例，只有女人在社交场合戴着的薄纱手套可以不摘。女人所戴的薄纱高袖手套属于社交装，它跟无袖礼服配套，可以不摘。然而平时御寒所用的手套，与别人握手时则一定要摘。因为戴着手套和别人握手，意味着蔑视对方，或代表不友好；而摘掉手套握手，通常表示尊重对方。

4.不要伸出左手握手

跟外国人握手时，一般只用右手，通常不用左手，除非没有右手。因为很多国家，像新、马、泰，或印度等国，人们的左右两只手往往有各自的分工。右手一般是做所谓的清洁友善之事，如递东西、抓饭吃或行礼。而左手则是做所谓的不洁之事，如沐浴更衣，去卫生间方便。你如果伸出了自己的左手，就等于是把一张脏手伸向他人。一定要注意握手时用左手是礼仪大忌。如果你的右手有残疾或太脏，在握手前，一定要先声明或致歉。

5.不要交叉握手

在国际交往中，与西方人握手时，应力戒此举。尤其在和信仰基督教的人交往时，要避免几个人竞相交叉握手，因为这种姿势类似于十字架，在他们眼中是很不吉利的。

二、一站一坐间流露文雅气质

良好的举止和姿态是女性风度、气质的展现，就像是你无声无息、如影随形的招牌。无论是工作、学习、参加活动或聚会都需要文雅得体的站姿和坐姿，这既可以展现你从容、优雅的风度，也会增添你的女性魅力和气质。

站立时应当身形端正，两肩放平，双臂自然下垂于身体两侧，双腿直立，脚跟相靠，两脚尖张开约60度，也可以选择丁字步的站姿，可以巧妙掩饰O形腿，又可以使腿和脚看起来更加纤细、自然。

女人可以通过一些训练来练就高雅的站姿。下面这些动作对于塑造高雅优美的站姿十分有效，不仅可以瘦身，还会给你带来健康、挺拔、自信等神奇效果。

(1)保持后脑、双肩、臀部、小腿、脚跟紧靠墙面。

(2)脚跟和双膝并拢，努力收紧臀肌，使双腿间的缝隙逐步减小，最终拥有笔直的双腿。

(3)立腰、收腹，使腹部肌肉有收紧的感觉，感觉整个身体在向上延伸。

(4)挺胸、双肩放松、打开，双臂自然下垂于身体两侧。

(5)将脖子向上延伸，双眼平视前方，脸部肌肉自然放松。

接下来看看坐姿，有人认为坐着的时候就可以休息放松了，其实不然，错误的坐姿只会让你在别人心目中留下不好的印象，你的气质也会大打折扣。那么，怎样的坐姿才能让你端庄稳重、落落大方，更有吸引力呢？

1.落座时

最得体的入座方式应该是从左侧入座，保持上身挺直，这样的坐姿让你看上去神采奕奕、富有朝气。还要注意的是，坐在椅子的1/2处是比较合适的。

2.双腿的摆放

正确的姿势应：双腿可略向前伸，脚踝相叠，双腿向一侧倾斜，略微调整至你感觉舒服的位置即可。需要注意的是双腿不要来回变换位置，这样会让人以为你急于离开。双腿不要并得太紧，这样会给人一种你很紧张的感觉。另外还须忌讳的是不要抖动双腿。

3.双手的摆放

双手的手掌可以自然地微微弯曲，掌心向下轻柔地交叠放在大腿上。不要以为别人看不见你，切忌做各种小动作。

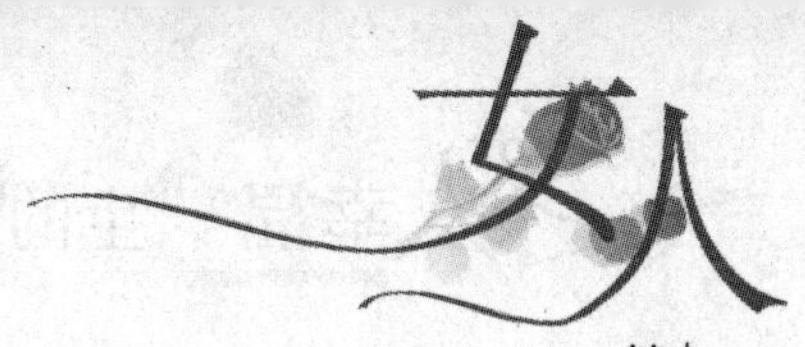

4.穿裙装时

穿着裙装落座时，一定要有抚裙的动作，即使你认为没必要也要做出这样的动作，并且不要跷腿，以防止走光。

5.坐车时

先站在座位边上，把身体降低，让臀部坐在位子上，再将双腿一起收进车里。养成双腿并拢一起挪入车内的习惯。下车也应如此。

6.坐沙发时

因为沙发通常很软，又比普通的座椅大，所以不能坐得太深，否则会显得你懒洋洋的，膝盖绝对不能分开，以防止走光。

7.起身时

起身时要尽量避免自己或座椅发出大的声响。

8.坐姿的雷区

不要跷二郎腿，像男人一样分腿而坐等，这些极其不雅、缺乏美感的坐姿，会让坐在你旁边的人认为你是个随随便便的女人。

9.坦然接受男士的尊重

女人如果在就座时遇到男士主动拉开椅子或拉车门，不要显出受宠若惊的小家子气，只要轻声言谢即可大方落座或上车。

三、每一步都要走出女人风味

女性走路时的身姿往往可以展现她气质的高下。即使是一个相貌平平的人，如果能在走路时走出风度，走出女人风味，也会颇受欢迎。

在各种场合，我们总离不开走路。在“走路”时，要力求做到“行如风”，即行得平稳、优雅、轻盈，有节奏感。这是走姿最基本的要求。正确走姿的具体做法是：头部伸直，肩部放松，整个胸部自然舒展挺起，腹部和臀部适度收缩；自然摆动双臂，但幅度不可太大，只能小幅度摆动，保持身体挺直，切忌左右摆动或摇头耸肩；走路时，要让重心落在前脚掌，脚后跟提起时，身体要向前倾。

在日常生活中，走在路上，会碰到各种各样的人。女性们该注意哪些走路的礼仪要求呢？

1.自觉遵守行路规则

步行要走人行道，不要走到自行车道或机动车道上去。穿过马路要走人行横道，不能随意乱穿马路。如果是路口，一定要等绿灯亮了，再看两边没车时才通过。

2.行人间要相互礼让

马路上车水马龙，人来人往，因此要提倡相互礼让。在人群特别拥挤的地方，万一不小心撞了别人或踩着别人的脚，要主动道歉。如果是别人踩了自己的脚或碰掉了自己的东西，也不可口出恶言，厉声责备。还要学会主动给年长者让路，遇到负重的人或孕妇、儿童等行走困难的人，要让他们先行。这样才更能显示出你迷人的魅力。

3.走路要目光自然前视

走路时不要左顾右盼，东张西望。如果遇到帅哥，也不宜久久地行注目礼，甚至掉过头去追视，那样会显得缺少教养。

4.遇到熟人，应主动打招呼和进行问候，不能视而不见

如果在路上碰到久别的亲友，想多交谈一会儿，应该靠边站立，不要站在马路当中或人挤的地方，以免妨碍交通，增加不安全的因素。

5.不能一面走路，一面吃东西

这样既不卫生，也不雅观。如果确实因为饥渴，需要吃点东西，可以在路边找个适当的地方，等吃完以后再赶路。

写给女人的心里话

不管是在银幕上还是在真实的生活中，让人着迷的往往不是漂亮的女人，而是那些得体优雅、懂礼仪有教养的女人。因为讲究仪表修养的女人具有高贵的气质，会散发出迷人妩媚的气息。

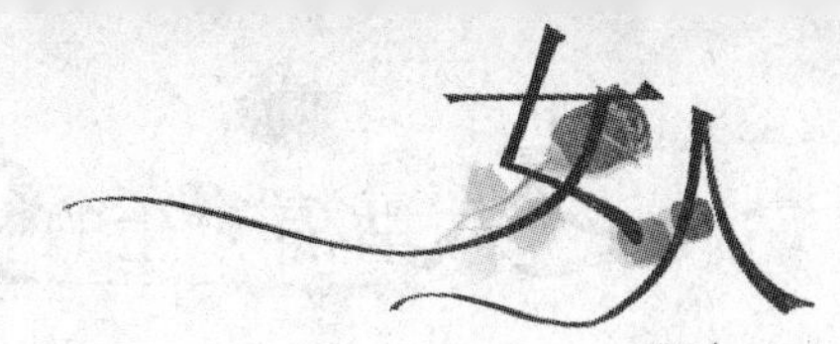

有一种“气质”非读书不能形成

女人，很简单的一个名词，却含有丰富的内容。就像世间没有完全相同的两朵花一样，百样女人经历百样人生，一千个女人自有一千种风韵，一万个女人有一万种味道。

世界绚丽多彩，但如果没有女人，将失掉七分色彩；女人十分美丽，但如果远离书籍，将失掉七分内蕴。有人说，书是女人最好的化妆品。做时尚的女性，不需要掌握男人，只需要善待自己，读书的女人是最美丽，最有气质的。

正如著名女作家毕淑敏所说：“日子一天一天地走，书要一页一页地读。清风朗月水滴石穿，一年几年一辈子地读下去。书就像微波，从内到外震荡着我们的心，徐徐地加热，精神分子的结构就改变了、成熟了，书的效力就凸现出来了。”女人不可不读书，世界因女人的存在而美丽，女人因书籍的滋养而变得更加聪慧。

女人懂得包装外表固然重要，而更重要的是心灵的滋润。“和书籍生活在一起，永远不会叹息”，罗曼·罗兰这样劝导女人。知识是唯一的美容佳品，书是女人气质的时装，书会让女人保持永恒的美丽。

如果说，不读书的女人是清晨的露珠，纯净而晶莹，读书的女人则是天上的星星，明亮中多一份深邃。要想做一个有主见、有内涵的现代气质女性，读书是必由之路。但是在这个浮躁的年代，人们都把闲暇时光奉献给了商场、吧台，或者无所事事的消遣。其实，阅读仍然是这个时代最美丽的精神体验。如若一个女人的周末花在图书馆中，想必自会有一颗沉静的心。

世界上没有丑女人，只有不懂得如何使自己美丽起来的女人。美丽的女人都是“装扮”出来的，恰到好处的“装扮”让女人光芒四射，如天然去雕饰的“清水芙蓉”。

女人的外表固然重要，但女人的气质更加重要，读书的女人最有品位。读书与否，是形成女性气质差异的重要因素；读书，能够让女人气质不凡。与其整天把大量的时间和金钱用在包装外表，不如利用时间多读书，因为书可以让女人变得更加聪慧，变得更加内秀，变得更加成熟。容颜可以是与生俱来的，而气质和素养是后天修炼而成的。试想，一个女人如果只有漂亮的外表，而没有什么思想内涵，当人老珠黄、青春不再时，她们还能拥有什么？

高尔基说“学问改变气质”，读书是气质、精神永葆青春的源泉。读书是不分年龄界限的，年年岁岁都是女人读书的芳龄！读书的女人，永远是一份不过时的美丽。

女人如果想变得让人耐读，就必须得带点儿书香味。因为书香中熏陶出来的女人，犹如冬夜里暖炉上的一壶热咖啡，总是能够温暖每一个风雪夜归的人。带着书香的女人，美丽中闪烁着智慧的光芒，所以永不褪色。

读书的女人可以令自己并不美丽的外表充满优雅的气质，充满女性的温柔。与这样的女性交流，能感受到她们舌绽春蕾，口吻留香，就像风一样迷人，水一样柔软。书净化着女人的心境，书令女人才思敏捷，生活充实。

在男人眼里，美丽的女人是一本书，容颜就是封面，智慧的核心就是内页。没有人会无休止地盯着封面看，他们长久留恋的是书中的内容。真正吸引男人注意力的女人，不是只有美丽的外表，而是拥有高雅的气质、纯洁的心灵、具有独立思想的女人。而想要让自己更加出色，更加美丽，更加具有吸引力，女人就要多读书。

毕竟，作为一个女人，长得再漂亮，也经不起岁月的磨砺，如果口无遮拦，行为放荡，腹内空空，即使貌若天仙，珠光宝气，也很庸俗。只有读书，才能使你充实明理，使你境界升华，使你拥有平和的心态。

“读书之乐乐陶陶，细数梅花天地心”，读书的女人是气质女人，是

女人中的精品！

10 本女人一生必读的好书

书是人类一切智慧的源泉，也是女人所有魅力的基础，有气质的女人一定要多读书，读好书。下面推荐 10 本女人一生必读的好书。

1.《红楼梦》

我国的传世名著。有人说，一个女人若没读过《红楼梦》，简直是人生一大遗憾。因为此书会让你看到原来女人可以如此哀婉动人、仪态万千，如此楚楚可怜、冰雪聪明……曹雪芹将告诉你什么才是真正的女人。

2.《简爱》

一部历久不衰的经典名著，讲述了一个平凡女人不平凡的生活经历，这段曲折离奇而又缠绵动人的爱情故事会让你泪流满面。女人的幸福不是来自美貌，而是来自心灵的美丽。最真挚的爱情，纯洁如白纸。不要求轰轰烈烈的爱，只是静静地握着对方的手，慢慢地陪他度过每一天。

3.《飘》

凡是看过《飘》或电影《乱世佳人》的人，都会对那位猫一样的郝思嘉印象深刻。这位乱世中的野玫瑰有迷人的绿眼睛，曼妙的身段，孩子气却坚定勇敢的个性……早已成为文学史及电影史上的经典女性形象之一。这本书告诉女人一件很重要的事：如果你不能得到自己深爱的男人，不要紧，你还可以爱自己。郝思嘉能够做到的，你也能够做到。

4.《包法利夫人》

此书细腻剖析了女性的心理，冷静而深刻地分析了“包法利夫人”们的悲剧根源。爱玛一生都在追求想象中的幸福，当她终于拥有片刻幸福之时，她又总觉得自己得到的幸福不大对头。她为爱情小说所惑，总想象有美满的爱情出现，因此在现实中一次次将这种想象寄托在情人们身上，又一次次失望……

爱玛以为幸福总在更远处，永远不满已获得的一切，永远追求着自身以外的幸福，因而包法利夫人们的悲剧是必然的。女性朋友们应该深深反思一下自己。

5.《玩偶之家》

这本书讲述了婚姻关系中男女双方的平等问题。娜拉几乎是男人眼中完美的伴侣形象，妇容妇德妇功皆无可挑剔。但娜拉这样说，作为女儿，她是父亲的玩偶；作为妻子，她是丈夫的玩偶；正如孩子是她的玩偶一样。玩偶生涯就是一个梦，提醒女性朋友们：如果丈夫把你视为玩偶、一件物品而非一个活生生的“女人”，就不存在真正的爱情和幸福的婚姻，即使它看上去很美满。

6.《一个人的月亮》

遇到自己最中意的内衣，不妨抢购十数件；即使在机场百无聊赖地候机，也要用巧克力犒劳自己；寒冷冬季的巴黎街头来一杯热咖啡，低落的夜晚独自跳一段华尔兹。珍惜生命中的每一份难得的快乐，感性女子张小娴教你享受生命。

7.《金粉世家》

近代红楼梦式的家族恩怨情仇，灰姑娘式的浪漫故事，虽然结局并不完美，可过程足以让每个渴望真爱的女人心动。

8.《金锁记》

20世纪40年代文坛最美的收获，中国自古以来最伟大的中篇小说，享誉文坛的女作家张爱玲的顶峰之作，值得女性朋友认真品味一番。

9.《浮生六记》

沈三白的夫人，如果活在当下，必定是个懂得享受生活也懂得与人分享的摩登新女性，值得现在的女人好好一读。

10.《爱情笔记》

英伦才子阿兰·德波顿理性的恋爱过程全记录。哲学的，文学的，艺术的，甚至数学的。看作者如何从多个角度肢解爱情，挖掘爱情真相，描述细腻动人。女性朋友若想了解什么是爱情，可以读一读此书。

写给女人的心里话

爱读书的女人，不管走到哪里都是一道美丽的风景。她可能貌不惊人，但却有一种内在的气质：像水一样的柔软，像风一样的迷人，像花一样的绚丽……书会让女人变得聪慧，变得坚韧，变得成熟。

独特个性，女人最迷人的魅力

有句话说得好，女人的容颜30岁之前靠父母，30岁之后靠自己。所以天生丽质者不能沾沾自喜、坐吃老本，长相一般者也没有必要自暴自弃。学会用气质和活力武装自己，你照样可以活出独特精彩的魅力。

有不少女人长得很漂亮，几乎挑不出什么毛病，但总给人感觉缺少点什么东西，其实，是缺少一种属于自己的独特，一种让人从芸芸众生中一眼就能认出来的标志。

吕燕是一位职业模特，但她长得并不漂亮，甚至可以说有一点点丑，这让她一度很自卑。一个偶然的机会，一位法国时装公司的老板发现了她，并邀请她到欧洲发展。当吕燕坦言自己的相貌不是很漂亮时，这位老板却一再摇头："不，不，你一点也不丑，反而很有特点，很有魅力。"结果，这种特点和魅力使吕燕成了世界名模。

其实，只有少数女性可以被称为美女，大多数女性都是相貌平平。也许你也是一位"一般人"，但不要担心，因为你的独特是无人能比的。世界上没有两片完全一样的树叶，同样也没有两张完全一样的脸。千万不要花钱去整一张不属于自己的脸。也许你的某些独特反而能成就你的成功之路，就像名模吕燕一样。

千万不要认为自己从上到下，从内到外一无是处。如果你这样认为，那么你就无可救药了。与其自我哀怜，还不如学着培养迷人的个性，对女人而言，个性和漂亮是手中最有分量的王牌。

如果你天生不是一朵芳香四溢的花，只是一片用来陪衬的绿叶，那么请记住，世上没有相同的两片树叶，迷人的个性同样可以折射出你的美丽，一定要相信你也有属于自己的美丽。

男人眼中有个性的女人才有女人味，有个性的女人男人才喜欢，有个性的女人才是真正的女人。为了能收获一段美好幸福的爱情，你的迷人个性可能是比漂亮更有力的武器。

永远记住不要让男人左右我们的个性，否则在下一刻他就觉得你只是没有生命的塑料花，是无味温吞的白开水，让他们时间长了心生厌倦。

人们都说，有个性的女人是最美丽的，但是不要盲目地去追求与众不同，否则会导致一些女人走入个性的误区，变得专横跋扈、冷漠无情。这样的女人不仅扭曲了个性本身所具有的美好意义，更使自己的人生和爱情由于不好的个性处处受限。

最后，对所有的女人而言：世上本来就没有完美的女人，不要事事都苛求自己，事事都追求完美，这样极容易导致自己失去了个性中最真的东西，让人感觉不自然，做作，虚伪，矫情。结果成了邯郸学步，东施效颦。

在尘世中，每个女人都用属于自己的方式美丽着，她们的个性或是神采飞扬、秀外慧中；或是冷淡自持、宁静淡然；或是风情万种、热烈奔放；或是冷若冰霜、孤芳自赏……你可以不美，但你很独特，独特的美会让你拥有与众不同的气质。所以，做独特的自己，相信自己，你照样可以成为一名气质美女。

写给女人的心里话

这个世界不是缺少美，而是缺少发现。每个人身上总有属于自己美丽的地方，如何让别人发现你的美丽，认同你的美丽，你首先就得活出属于自己的迷人个性。

做内外兼修的气质女人

美可能是每个女人永远的话题。不管是古代还是现代，“美”都是女人所追求的。我们首先要弄明白什么才是真正的美。

通常表现在人身上的美有外在美和内在美。外在美大体包括面容、装扮、身材等。这种外在美是一种感官美，是人们通过直观而得出的第一印象。内在美是一种自然美，是经过长期文化修养而形成的。它虽然是潜在的，但却能被人感觉得到。这种内在美是一种永恒的美，它比外在美更具有持久性。可见，外在美是天生的，是与生俱来的；而内在美是经过后天修养而形成的。

追求卓越和出众是现代女性共有的意识，不甘于平凡，想要挑战自己，希望自己的各个方面都能趋向完美。只注重外表的修饰或单纯地认为女人美在内涵，外表并不重要，这两种想法都是错误的，因为气质女人要内外兼修！

印第安人有一句名言：“如果我们走得太快，要停一停，等待灵魂跟上来。”作为女人，我们不能只顾把美丽的外表展示给别人看，还要注重内涵的修炼，秀外慧中的女人才会令人过目不忘。

外在的天生丽质也好，内在的修养气质也罢，都是女人在生活中追求的重心。为了这个内外兼修的美字，为了让自己心爱的男人能对自己更加有信心，从外部装扮到内在美的潜质都是女人乐此不疲的事情。

有人说："女人生来就是装点世界的，你们不美丽，难道要男人们去'美化环境'吗？"作为女人，首先，做好皮肤的护理和保养，然后可以选择新潮的发型、时尚的服装，使自己与众不同。在当今的社会里，没有丑女，只有懒女。相信自己，只要你努力去做，重视每一个关乎形象的细节，美丽一定属于你。

只注重外表的修饰，忽略内在气质的修炼，这样的女性容易使自己变成一只空花瓶，没有内涵，空洞而没有思想。刻意装扮出的美丽是经受不住时间考验的。

某公司曾有两位刚来的女性小李和小刘。她们虽然年龄相仿，但小李天生丽质，有娇美的面容，迷人的身材；而小刘则略逊一筹，长得一般。由于小李天生条件好，经常刻意打扮自己，她的美丽吸引了公司上下所有的人，连老总都对她十分青睐，于是，小李被安排在接待客户的窗口部门，而小刘则被安排在一般的工作岗位上。

半年时间过去后，两个人的优缺点渐渐显露出来了。小李由于言语粗俗、举止无礼，渐渐得罪了一些客户，就连她的上司也批评她修养不够，素质低下；而小刘由于有同情心、经常帮助别人，再加上谈吐文雅，被同事称赞为有气质的好姑娘。结果，老总把她俩的工作对调了。

可见，只有靓丽的外表是不够的，刻意装扮出的美经受不住时间的考验，内心真实的东西最终会显露出来。所以，女人要在学业上下工夫，提升自己的修养和职业素质，做内外兼修的气质女人，这样，每个人都会对你投来敬佩的目光，在赞美你骄人外表的同时，更加羡慕你的知识和能力。

白领丽人带给职场的不仅是美丽，更是魅力。她们不仅有温柔的性格，更代表自信、自尊、自强的气质。在现实生活中，之所以有一些女人活得洒脱，活得精致，做事出色，从而成为优秀者，无不与干练、精明、思维灵活有关。

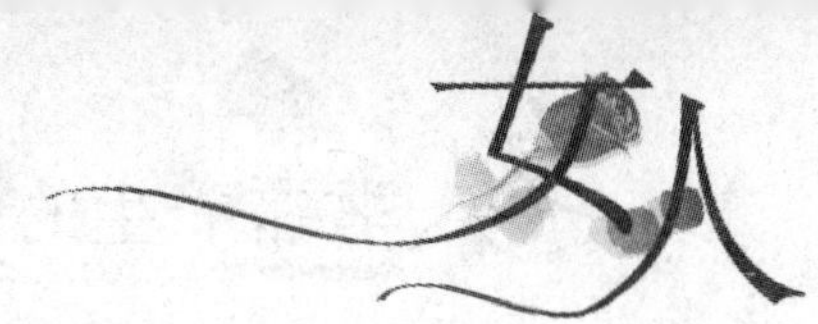

“内外兼修的女人最美丽”，世界上因为拥有了美丽的女人，才变得五彩缤纷。内外兼修的女人不一定天生丽质，但她美好的心灵、高雅的气质、纯洁的灵魂、丰富的内涵，时时刻刻折射出无与伦比的人格魅力。

写给女人的心里话

内外兼修的女人，是芸芸众生中一道赏心悦目的风景线。这种女人最难得，是我们现代职业女性提高自身努力的方向。

气质的美感就是脱俗

以往许多男性觉得女人长得漂亮就是魅力，而现在则有更多的男性认为，女性魅力在于女性内在的脱俗的气质。

脱俗的女人，可以不是国色天香，不是倾国倾城，但沁人心脾，拨动心底最深处的琴弦。她们是凡间的经典，仿佛不食人间烟火，甚至有点哀伤、幽怨，但一定是不事雕琢，内心浪漫、优雅地绽放着。

曾听一位80后作家这样说：“女人不美，辣椒不辣，那像什么话？”对于我这个“嗜美如命”的女子，我有不同的见解。

那些走在大街上的高挑美女，披肩的卷发，浓艳的妆容，搭配上合体的服装与配饰，赚足了路人的眼球。女人可以美到惊艳，美得让人窒息，但这只是单纯的外表美。也许你会说“萝卜青菜，各有所爱”，有人就喜欢花瓶式的美女，但我更看重有脱俗气质的女人。

《简·爱》中有这样经典的自白：“你以为，因为我穷，低微、不美、矮小，我就没有灵魂，没有心吗？你想错了！我的灵魂跟你的一样，我的心也跟你的完全一样！要是上帝赐予我美貌，我一定要让你难以离开我，就像我现在难以离开你。我现在与你说话，是我的精神与你的精神说话，我们站在上帝面前，是平等的，因为我们是平等的。”

难道有美丽的外表，就可以有高傲的心灵；有丑的外表，就必须要忍受卑微、低贱吗？不是这样的。有些人死了，但他还活着，活着的是他的灵魂和精神，有些人长得美，但他是丑的，丑陋的是他的灵魂和他的品质。

女人不美，不是她的罪过，外表如此，是天生的。每一个女人都是爱美的。美要美得别致，优雅到份上，脱俗一些，自然就有了气质，气质美便可以弥补天生的外表缺陷。

毕竟，容貌的美犹如水中月镜中花，只能在众人的感官上留下短暂的美感，而内在的气质美却会在众人心灵上留下高雅的品位、永久的回忆。

单位里有一个好友，家缠万贯不说，人也美得出众。在东北以貂皮论身价的时节里，她却无一貂皮在身，别人好不识趣地问她，她一笑置之。作为好友的我对此大为疑惑，貂皮是身份的象征，高贵的显示，典雅的代名词，然而她却严肃地给我讲了她的另一种心情。

她说她在网上看到了宰杀活貂，取貂皮的全过程，操作者凶残无比，当众将貂悬挂，活体取皮，当取过皮后的貂流出眼泪时，她的心都跟着一起流泪，为此，她决定绝不买貂皮大衣，并宣传给周围的姐妹们，也算是对那些刽子手的一种反对和不耻。

本来就美得出众的她，显得更美了，由内至外的美，美得让人心醉。同样是爱美丽的女人，这种脱俗的美，让人顿生一种崇敬之情。

有位中年女性发现丈夫对自己越来越不感兴趣，常常寻找一些借口出去应酬，回到家里还有意无意地大谈他公司女助手如何如何能干。

这位女性痛惜自己青春已逝，于是，她决定做一次美容手术，让金钱帮助自己恢复逝去的魅力。著名专家凭借高超的技艺，恢复了她昔日的光彩。

丈夫回家了，她故意在丈夫面前展示一番，想给他一个意外惊喜。

可是，她万万没有想到的是，丈夫好像没有看到她似的，一边脱外衣一边滔滔不绝地还是大谈他的女助手是如何的富有感染力，竟在今天的商业谈判中影响了客户的情绪，使一项本来很棘手的生意变得轻而易举。

这位女性很失望，她想这个女助手一定是一个很性感，很年轻，很迷人的狐狸精，否则怎么会让自己丈夫这般着迷。她便决定去会一会这个女助手，结果，却让她大吃一惊。因为女助手既不年轻，也不美貌，更无法和性感画上等号。

这个女助手虽然没有靓丽的外表，但她在事业上富有新颖独特的创意，巧于周旋的干练，自信乐观的感染力，渊博的学识，诙谐幽默的话语，既显得亲切温柔有礼，又挥洒自如潇洒得体……脱俗的气质让所有接近她的人都毫无例外地被吸引和感染。

不美的你，请别自惭形秽，只要你脱俗一点，或许在别人的眼中，你便是那个“最美的女人”。

写给女人的心里话

谁也无法抗拒岁月的印痕，青春和美貌的魅力会随着时间慢慢消失，只有丰富的文化内涵和阅历所赋予的气质，才是无与伦比的恒久魅力。青春的美貌漂亮一时，潇洒的气质美丽一世。

做个有品位的女人

有一种美女，在20岁时最美丽，逼人的青春晃得人睁不开眼，但是她从此将一年比一年憔悴，最后必将泯没于众人之中，空落得个美女的名号。还有一种美女,20岁时叫她美女有些勉强,但随着岁月的增长,她周身会渐渐散发出透亮的光芒。后一种美女便属于有内涵的那种,这种美不会被时间冲淡,只会越酿越香。

世上最倾倒众生的不是外表美丽的女人,而是最有吸引力的风度高雅的女人。风度飘逸如清风明月,如清水芙蓉,清纯、高雅、圣洁而不媚俗。

有品位的女人在婚姻生活中是温柔的妻子,是朋友般的母亲,她让人感觉亲切随和,常常会使人如赏名乐般心旷神怡,体会到她暗香涌动的女人味;有品位的女人温柔里裹着坚毅,既世故又天真,即明白又糊涂,是一个自由而积极的女人;有品位的女人最懂得生活之道,让自己的内涵在阅读中提高,让身心在音乐中放松,拉近自己和艺术的距离,试着让自己成为一个充满灵气的女人;有品位的女人是众多朋友心中的最爱,被他们奉为红颜知己,但她永远都会为自己心爱的人固守最美好的纯真,无论是身体还是灵魂;有品位的女人是月光下的湖水,是静静绽放的百合,她们晶莹剔透、柔情似水、善解人意。

有品位的女人,美丽自己的同时也美丽了别人。女人的品位,是时间打不败的美丽。作家黄明坚有一句话,女人是一种指标,如果女人都散发出品位,国家自然成为富饶而文明的泱泱大国。

那么,女人该如何提高自己的品位呢?

1.学会插花

插花是一门既古老又时尚,充满浓郁生活气息的高雅艺术。女人们喜欢把大自然的绿色和鲜花带回家, 通过自己动手和布置来调剂生活,陶冶情操。插花是向往美丽的女人的必修课,在充满花香的生活里,女人永远不老!

2.了解茶道

茶道是东方文化的点睛之笔,对于茶之韵,每个人有独到的感受和体验,正如禅宗推崇的“拈花微笑,只可意会,不可言传”。淑女性情如茶,安静却充满清香气。好茶一壶,能让你的心更加宁静,散发柔美

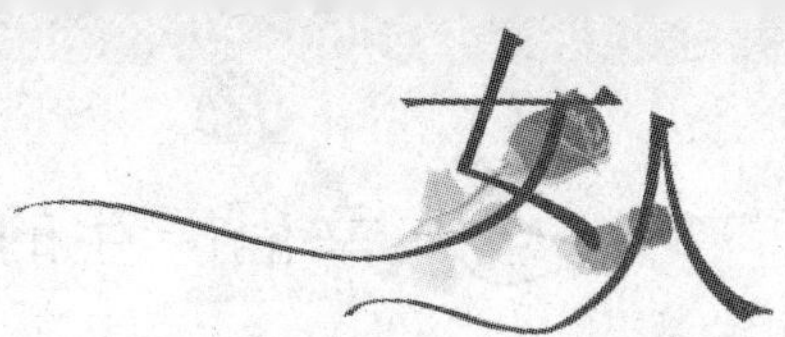

内涵和女人独有的味道。闲暇之余，泡一壶好茶，约二三知已，促膝清谈，享受这滚滚红尘里片刻的柔软时光吧！

3.享受音乐

女人是最有灵性的玫瑰，应该拥有艺术化的，充满惊喜的生活，音乐、摄影或陶艺都能使女人在喧嚣中将一切都归于淡然。在假日悠闲的午后，沏一壶绿茶，走入音乐的世界。经典音乐，使你如醍醐灌顶，一切浮躁都变得云淡风轻。在经典音乐里沉醉的女人，在别人眼里，拥有摄人心魄的气质。

4.经常下厨

女人在骨子里就是贤良淑德的，安守家室，相夫教子，本是女人最美丽的样子。何况，系上漂亮围裙，挽起缕缕长发，走进清淡雅致的厨房，做一桌美味可口的饭菜与爱的人一起分享，何尝不是女人的另一种韵味呢。

5.精明理财

冰雪聪明的女人，不仅会赚钱，更要会管钱、花钱。女性理财的意识似乎是天生的，虽然她们对数字并不敏感。会理财的女人，收入、支出、贷款，算盘打得噼里啪啦响。理财成精了以后，闲聊时有意无意地说一句："我的基金赚了……"，那种从容自信无疑会增加女人的魅力。

6.选择旅行

在办公室快要发霉的你，何不放下手头的活儿，出去走走。暂时告别格子式的办公室、格子式的家，走出去，你的世界将广袤无垠。对于女人来说，旅行是漫无目的的行走，直到遇到好风景、好人情，再驻足欣赏。旅行中的女人是无比美丽的，应该抛下一切，在山野的风里自在地呼吸。

写给女人的心里话

女人靓丽的外表只能让男人的眼动，女人的内涵才让男人心动，真正让男人激动的是女人的外貌和内涵的完美结合。不要为自己的普通外貌而叹气，勇敢地做一个有品位的女人吧。因为品位与年龄无关，与相貌无关，与金钱无关。

女人四十照样有万种风情

四十岁，是人生中的一道分水岭，都说“男人四十一枝花，女人四十豆腐渣”，不过，这种说法已经过时了，现代四十岁的女人气质高贵，风情万种，比二十岁的女人娇嫩的面容、纤细的身材更有魅力。

女人四十已进入生命中的不惑之年，岁月的风霜写在脸上，写下了女人自身的品位和人生阅历，一颦一笑中眼角的皱纹依稀可见，但眼睛却更清亮如水，更多了些洞察生活的智慧，四十岁的女人心更能包容世间的风风雨雨。经历了为人妻为人母的女人更懂生活，更懂男人，在她们眼中的世界并不是泾渭分明，她们的通达和睿智使她们更能理解生活，创造生活。

四十岁的女人就如一首经典的老歌，岁月的红尘锁不住她们的魅力，虽然美貌会随着年华老去，然而那举手投足间的风华却是令人难以忘怀，这是岁月年轮沉淀在她们脸上的生活。

“回想妈妈四十岁的时候，那时觉得她好老好老，”39岁的雅诗兰黛品牌经理沈祥梅回忆，母亲在她这个年纪时，早已被生活折磨得老态毕露了。而现在，四十岁的女人，顶多只能说是在“后青春期”，和“老”扯不上关系。

数年前的电影金马奖颁奖典礼现场，主演《女人四十》的明星萧芳芳上台领取最佳女主角奖的时候，披肩突然掉了下来。四十几岁仍孜孜不倦攻读心理学博士的她，当众幽默地说：“你看，女人过了四十，

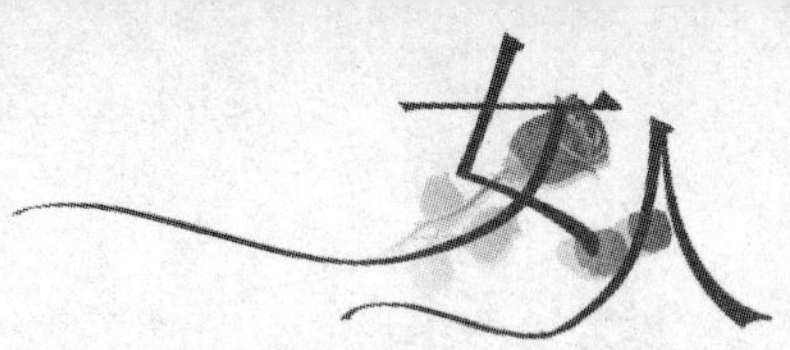

什么都垮下来了。”的确，她们已不是花样年华的“美眉”了。但是，一股女人四十当道的风潮，正在世界各地火烧火燎地蔓延。君不见，在欧美娱乐圈，经过多次调查证明“姜是老的美”，票选出来最性感美艳的女星，莎朗史通、黛米·摩尔等四十几岁的“中年美少女”都名列前茅。

四十岁的女人，虽然没有了少女时代光鲜的容貌，却更显得恬淡朴素，雍容华贵。“如果说十八岁的女人是一朵春花，那么四十岁的女人就是一捧秋实。相比较春花，秋实更是浓缩人生的精华。”她们举止优雅，仪态风韵，浑身散发着令人历久难忘的迷人神韵，飘逸着经久不绝的丝丝暗香。

四十岁是女人最有魅力的时候。她们笑对人生，虽历经风雨岁月，但对人生的执著都写在了脸上，显得沉着而自信，这份自信足以笑傲少女的青春。

岁月无情，红颜易老，人们常用英雄末路相比美人迟暮。女人惧怕衰老更甚于惧怕死亡。四十岁女人已进入生命中的分水岭，无论付出多大的代价，青春已一去不复返了。不过，时间和生活能带走漂亮的容貌，风情却不受限制。风情是附在女人身上的精灵，让人捉摸不透。有人说，“风情”二字，女人不到一定的年龄，显现不出来。现在满世界都是漂亮的女人，她们只是美而已，却缺失了风情，难以给人深刻的震撼。女人的风情是一种韵味，一种灵感，不同于把灵和肉分开的性感。女人四十，应给生命中增添别样的风情。

不过，四十岁的女人还是显现出岁月的印痕：黄斑、皱纹悄悄爬上脸庞，皮肤开始松弛，身体备感疲惫，经期出现问题。如何重塑女人四十的青春魅力呢？如今的美容整形技术已经让四十岁的女人越来越自信，重现青春魅力。

写给女人的心里话

女人四十，也不必哀叹，因为生命中多了别样的东西，照样可以有万种风情。那不是海市蜃楼的虚幻，而是走过四季走过风雨的笃定。

第二个忠告 心理健康很重要，好命不如好心态

在这个激烈竞争的年代，没有自信的女人永远没有市场。自信的女人不一定天姿国色、闭月羞花，也可能相貌平平，但因为有了那份自信，她们才变得光彩耀人、淡雅高贵。而抱怨不仅会使女人惹人厌烦，而且会影响成功，破坏幸福，最重要的一点是，它对女人的健康还会产生极为不利的影响。所以，女人要少点抱怨，多点理解；少一句谩骂，多点柔情；少一次责备，多一次赞美。做个不抱怨的女人，才能把幸福掌握在手中。有什么样的心态就有什么样的人生，心态对我们的人生起着非常重要的作用。身为女人本来就不易，何不用好的心态面对生活、面对人生，这样就会收获意想不到的快乐和幸福。

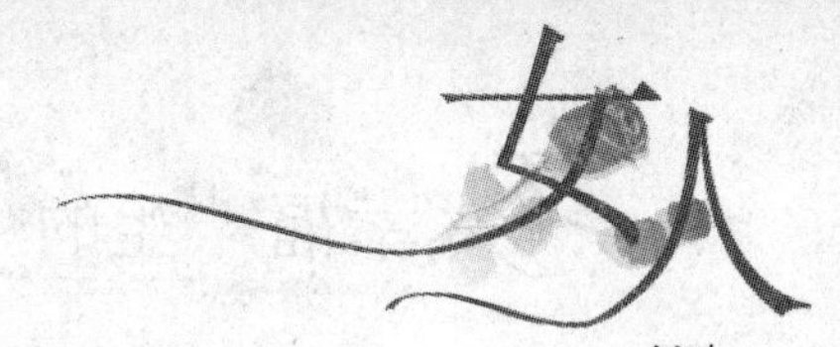

女人的心态很重要

一位伟人说过:“要么你去驾驭生命,要么是生命驾驭你。你的心态决定谁是坐骑,谁是骑师。”人生中有晴天丽日,也有阴雨霏霏。悲观的女人总是看到红灯,有良好心态的女人则总是看到绿灯,所以她才有了不衰的魅力。

其实,人生并非只有无奈,而是可以把握和调控的。心态就是调控人生的控制塔,而决定一个女人命运的关键恰恰就是“心态”。

几年前,倪萍在接受新浪网采访时,被问到“女人最重要的是什么”。倪萍回答道:“我觉得最重要的是要有良好的心态,因为女人在这个社会上可比的东西太多,没有好的心态的话,你可能永远找不到北,也永远找不到自己的位置。”

的确,对一个女人来说,有太多重要的东西了,事业成功、爱情浪漫、婚姻美满……这些都是女人非常想得到的东西,但要想获得这些东西,必须要有一个良好的心态。

一位名人曾经说过:播下一种心态,收获一种思想;播下一种思想,收获一种行为;播下一种行为,收获一种习惯;播下一种习惯,收获一种性格;播下一种性格,收获一种命运。简单说,就是心态决定命运。女人只要掌握了自己的心态,就把握了自己的命运。

不管一个女人多么有能力,如果缺乏好的心态,注定会一事无成。如果有了良好心态,女人就能实现人生的理想,在人生的道路上勇往直前。

西方有一个名叫胡达克鲁丝的老太太,她的朋友和邻居迈克夫人和她是同龄人。她们在共同庆祝七十大寿时,迈克夫人认为人活六十古来稀,自己已年届七十,是该去见上帝的年龄了。因此她决定坐在家里,足不出户、颐养天年。她为自己做寿衣、选墓地、安排后事。而胡达克鲁丝则认为:一个人能否做什么事,不在年龄的大小,而在于自己的想法。于是她开始学习爬山,其中有几座还是世界上有名的高山,她甚至在九十五岁高龄时登上了日本的富士山,打破了攀登此山年龄最高的纪录。

有什么样的心态,就会有什么样的命运。面对自己已年届七十这个事实,迈克夫人的心理是消极的,她做好了见上帝的准备;而胡达克鲁丝的心态则是积极向上的,她采取了学习爬山的行动,结果创造了一项吉尼斯世界纪录。所以,女人什么时候都应该保持积极向上的心态,千万不要让消极的念头占据你的思想。

曾经看过这么一个求职故事。

有个叫琳的女孩大学毕业后,到一家跨国公司去应聘业务员,毕业于名牌大学的她非常顺利地进入到了最后一轮的面试。

面试是由公司的总经理负责。个头不高,微微有些发胖的总经理四十多岁的样子,眼睛里透着精明、练达,他看了看琳的资料后说:"虽然你的表现很优秀,但我们仍不会聘用你。"琳有些意外,大脑迅速膨胀着,不过她还是清醒地意识到应该保持风度,微微一笑,说:"没关系,我再到别的公司碰碰运气。"

"年轻人,请你告诉我,你走出大厅会先想到什么?"

面对这个已属额外的问题,琳坦然地说:"我应该首先想一下这次面试失败的原因,发现自己的不足,争取下一次成功。"

"你不用想了,我们决定聘用你,我们需要善于总结教训、承担失败的业务员。"

8个月后,琳已经成为这家公司的部门经理。

琳能打动面试官并成功获得公司的工作岗位,完全是她积极的人生态度在起作用。不管遇到什么事情,都不要消极应对,因为积极心态是女人成功的首要条件，琳的事例就验证了这一点。所以，女人始终要以良好的心态来面对生活、面对人生，就会收获意想不到的快乐和幸福。

在我们生活中，不乏一些每天都面带笑容，阳光灿烂的成功女性，她们是怎么做到的呢？

1.保持独立

不管她是某个公司的CEO，还是餐厅的女招待，都无关紧要。她有最真诚的生活，她有自己的荣誉，她不靠乞怜维生，男人在她们眼中不是宇宙的中心。女人只有独立了，才不会有后顾之忧，才能保持良好的心态应对生活中出现的各种问题。

2.保持好奇心

她总是注意观察生活中的美丽，懂得享受生活，好奇心使她以欣赏的眼光来看待这个世界。

3.保持神秘莫测

她虽然正直，但并不意味她需要坦白一切。她并不会把自己的底牌放在桌面上。因为太熟悉则会埋下不尊重的种子，甚至埋下厌倦的种子。

4.冷静而明智

她不让人看见自己的狼狈相，尽量不在思维混乱的时候与人交流，也尽量避免自己在心烦意乱的时候与人沟通。她会在头脑清醒的时候，以简明扼要的方式表达自己的意思。对于突发事件，她也能沉着应对。

5.独立而自由

她自主安排自己的时间，故意放慢速度，以自己的节奏行事，而不是按照对方的脚步，目的是要防止受人摆布而失去自由和自己。

6.欣赏自己

每个人都不是十全十美的，所以，她不会把目光放在自己的缺点上，她懂得欣赏自己，鼓励自己。

7.自信大方

她不会在一些小事上斤斤计较，对人和事都表现出一种豁达、热心。当别人恭维她时，她会说“谢谢”，她也不会去阻止别人的赞美，总是表现出一副自信的神态。

8.珍爱自己

她很注重自己的外貌和健康，所以会精心打扮自己，但绝对不会因为别人的评说就改变自己的生活方式。

写给女人的心里话

有什么样的心态就有什么样的人生，心态对我们的人生起着非常重要的作用。女人，不要在意别人的目光，保持一个好心态，勇敢地展现自己，追求自己的梦想，活出自己的精彩。

不抱怨的女人最幸福

女人一生都在追求幸福，可是幸福长什么样？应该到哪里去寻找幸福？其实幸福是一粒种子，每个女人都拥有它。怎样播种，怎样耕耘，怎样维护，怎样收获，全在你自己。

幸福是一个充满诱惑的字眼，但女人在不断找寻的同时，总是忍不住抱怨。于是，幸福被自己无意间轰走了，还一脸无辜的表情。

生活中有太多的不如意，因此，抱怨成了女人的常态：抱怨男人、抱怨孩子、抱怨工资低、抱怨婆媳关系……然而，再多的抱怨也毫无用处。因为，抱怨不仅解决不了问题，还让负面的情绪不断地在内心深化。

“抱怨”是人的一种本能反应，是一种情绪的表现，它似乎是与生

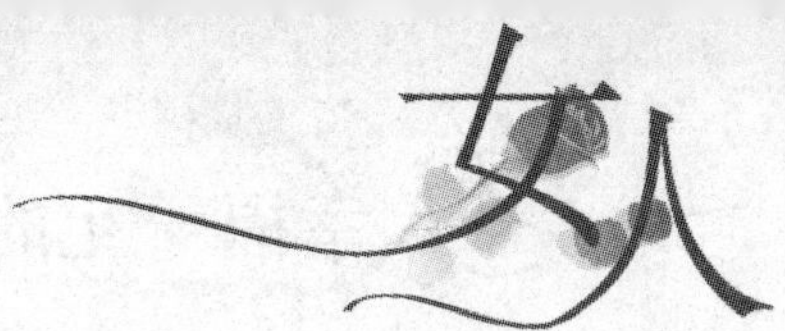

俱来的，但抱怨情绪有相当大的危害。因为抱怨不仅会使女人惹人厌烦，而且它还会影响我们的成功，破坏我们的幸福，最重要的一点是，它对我们的健康还会产生极为不利的影响。

抱怨会让人形成一种负面心态。研究表明：负面心态会增加心理压力，抑制机体活力，从而影响内分泌，造成代谢紊乱。久而久之，各种生理疾病就会伴随而来。所以，成功人士不会天天抱怨；幸福女人不会时刻抱怨；长寿的老人也自觉远离抱怨。

曾看到过这样一个镜头：很多农民坐在田埂上，一边休息一边聊天，还顺手把鞋脱下来，倒掉里面的沙子。因为鞋子里进了沙子，干起活来很费力，所以要倒掉。

其实，如果把生活比做一双鞋，如果你心生抱怨，就如同穿着进了沙子的鞋子行走，这个时候你能健步如飞吗？法国作家伏尔泰说："使你疲倦的不是远方的高山，而是鞋里的沙子。"可见，抱怨就等于往自己的鞋子放进沙子，它会使你行路更难、旅途更累。

有这样一个故事。

在一座高山上有一座寺庙，里面住的每一个和尚都笑容满面，生活快乐。有一个别处寺庙来的和尚见到了很惊奇，就问这个庙里的和尚为什么会这样。正在这时，一位和尚匆匆地从外面回来，走进大厅时不慎滑了一跤。正在拖地的和尚立刻跑了过去，扶起他说："对不起，都是我的错，把地擦得太湿了。"被扶起的和尚则愧疚地说："都是我的错，只怪我不小心，走路太匆促了。"

看到这里，大家应该明白了。与其抱怨、郁闷和哭泣，不如找出解决问题的方法，乐观面对。乐观的态度包括豁达、坚韧，让人觉得困难从来不是生活的障碍，和乐观的人在一起，自己也收获到了快乐。有信心解决问题的女人在自己获益的同时，也感染着别人。

有人说，生活就是一杯苦与乐交融的鸡尾酒，每个女人都要品尝一遍。20 岁会遇到什么问题，30 岁会遇到什么问题，40 岁会遇到什么问题……如果能依次解决它们，你也会依次地收获人生的珍宝；如果你拒绝面对，只是以抱怨的方式消极地发泄，那你同时也拒绝了成长的快乐。

巴尔扎克说过:“人生各种不同的变故,是由循环不已的痛苦和欢乐组成的,那种永远不变的蓝天只存在于心灵中间,向现实的人生要求未免是奢望。”虽然我们不能和抱怨彻底一刀两断,但当遇到不美满的事情时,要想得开,做个豁达、洒脱的女人。

清朝的胡庵这样说:“思量疾厄苦,无病便是福;思量悲难苦,平安便是福;思量死来苦,活着便是福。也不必高官厚禄,也不必堆金如山。一日三餐,有许多自然之福,我劝世人,不可不知足。”珍惜生活中美好的东西,心情才会豁达开朗,生活才会更加丰富多彩。

所以,不要傻傻地看着抱怨把健康和幸福从自己的身边带走。有一天,当抱怨透支了幸福,就是后悔莫及的时候了!不要再为失去的或者缺少的东西而怨天尤人,更不必为不确定的将来忧心忡忡。既来之则安之,你就是一个快乐的人!活在当下,享受当下,好好工作,快乐生活,这就是女人最大的幸福。

写给女人的心里话

抱怨不仅会使女人惹人厌烦,而且会影响成功,破坏幸福,最重要的一点是,它对女人的健康还会产生极为不利的影响。所以,女人要少点抱怨,多点理解;少一句谩骂,多点柔情;少一次责备,多一次赞美。做个不抱怨的女人,才能把幸福掌握在手中。

没有自信的女人没有市场

爱美之心人皆有之。什么样的女人最美呢?花儿一样的容颜自然

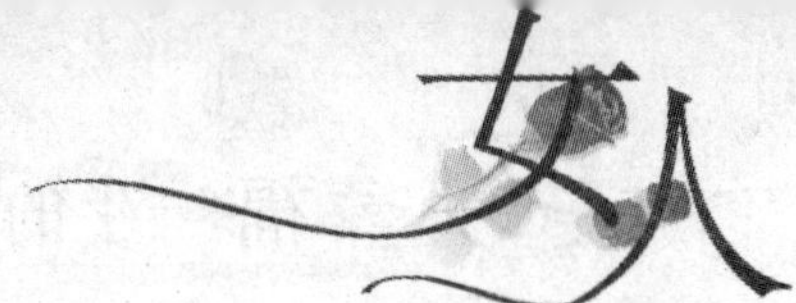

是美的，同样，性情温顺举止得体的女人也是美的。但一个女人美丽与否，不是因为外在的容貌，关键是她心中有没有自信。没有自信的女人，她的美丽犹如风中枯萎的花朵，散发不了光彩，充分的自信是女人走上美丽之旅的重要条件。所以，与其说年轻是女人最重要的本钱，不如说自信是女人一辈子最可贵的资本，自信的女人最美丽。自信不分年龄，不论美丑胖瘦，毫无贵贱之说，只要你是个女人就该自信。

自信的女人，走路的时候昂首阔步，沉着坦然的表情告诉人们她们的自信所在；自信的女人，坐在餐厅跟坐在大排档一样的优雅而风采不减，微笑的魅力使她们把握住人们的视线所在；自信的女人，买东西的时候不会徜徉不定，走到自己喜欢的东西面前，挑选最合适自己的东西。

自信的女人，无论家庭、事业、交际，都能一帆风顺，偶尔出现的挫折打击，总能被她们轻巧化去，一举手、一投足间，便能使事情向着有利于她们的方向转去。

有人说，一个女人有内在美就足够了，其实，这种认识是不正确的。因为外在美更有助于内在美的发散。在日常生活中，我们无法想象一个外表邋遢不修边幅的女人，如何在世人面前展现她的自信与美丽。同样，一个懂得修饰自己，装扮自己的女人，也绝不会唯唯诺诺，信心全无。因为她的外表增添了她的自信，而自信又为她的美丽加分，使她更加光彩夺目。自信与美丽是相辅相成，密不可分的，这不仅仅是一个女人视觉上的美丽，更是一个女人生命的美丽。只有拥有自信才会拥有美丽，有了美丽才会更自信。

外在美和内在美的完美结合，就组成令我们难以忘怀的自信之美。在日常生活中，我们不光要养成得体的举止，更要多读书去充实我们的优雅谈吐，一个外在和内心一样美丽的女人，连女人都会被折服，何况那些欣赏自信美的男人呢？

自信的女人，不一定天姿国色、闭月羞花，可能相貌平平，但是，因为有了那份自信，她们瞬间便变得光彩耀人、淡雅高贵，所以，无论在哪个场合，她们都是最耀眼的焦点，而且永远不会因为容颜的衰老而失去自己的魅力。

自信并非天生的，是由后天培养而来的。从女人的天性来说，常常容易相信别人，而不相信自己。总是在敬佩别人，而不知道欣赏自己。假如你能认识女人天性中这一弱点，并有意克服它，你就可以彻底战胜自己，成为一个强者。

在这个充满竞争的社会，那种自怨自艾、柔弱无助的女人只会慢慢失去市场，最终被社会无情淘汰。所以，做一个充满自信的女人，学会自我拯救和自我完善是最重要的。那么，如何成为一个自信的女人呢？

1.敢于承担责任

这是第一个也是最重要的增加自信的方法。美国西点军校认为：没有责任感的军官不是合格的军官，没有责任感的员工不是优秀的员工，没有责任感的公民不是好公民。正是这些严格的要求，让每一个从西点毕业的学员获益匪浅。女人千方不要利用各种方法来推卸自己的过错，从而忘却自己应承担的责任。只有敢于承担责任的女人才是最美的女人，自信的女人。

2.勇于尝试

女人要勇于尝试新的东西。比如，独自出去吃饭、参加一个不熟悉领域的课程等。在新领域锻炼自己的能力，将会极大地振奋自己的自信！

3.学会坚持

曾经有记者再三要求王家卫摘下他那副已成经典标志的黑色墨镜。王家卫摇了摇头对他说了一句话：记住，做一个导演应该学会坚持。是的，做一个好导演需要坚持，做一个美丽女人更需要坚持。造就一个暴发户只需要一个晚上，而成就一个千万富翁则需要长久的沉淀和积累。毕竟，真正的信心是来自坚定的信念。

4.学会赞扬自己

自信是保持愉快情绪的重要条件，自信来自于对自我的正确认识

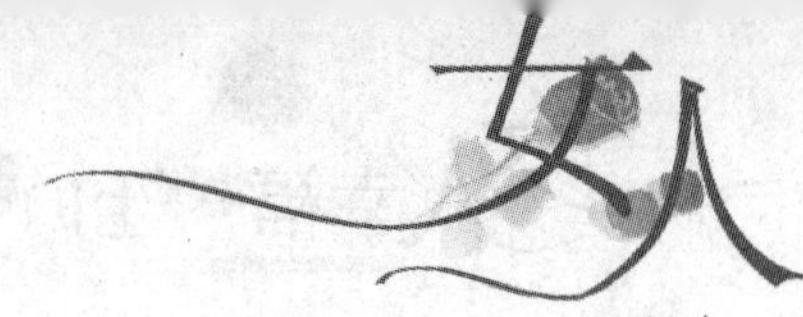

和评价，适当地赞美自己也有助于增强自信，增添快乐。你可以每天用一分钟大声讲述自己的优点，对着镜子表扬自己，以增强自信。

5.“装出”自信的样子

从心理学的角度，我们知道通过改变行为，我们可以改变自己的感觉。所以，女人不管做什么事，在外表上要装成很有信心地做，那么内心便会形成自信的感觉。

6.和自信的人在一起

近朱者赤，近墨者黑。在生活中要多观察自信的人如何办事，并和他们在一起，便会被他们的自信所感染，从而自己也会自信起来。

总之，自信的女人，拥有的东西不一定很多。但是，她却拥有一份富可敌国的财富——自信，这是一份永远不为外人夺取、永远属于她自己的财富，像笼罩在她身上的耀眼光环，成为她最美丽的魅力。切记，自信是女人一生最珍贵的财富，拥有自信就能成为永远美丽的女人。

写给女人的心里话

在这个激烈竞争的年代，没有自信的女人永远没有市场。自信是女人一生最珍贵的财富，所以，对女人来说，充满自信，学会自我拯救和自我完善是最重要的。

忌妒是一根伤人害己的毒刺

在人们心目中，忌妒一直不是个好词。在西方，《十诫》甚至把它列为罪恶之一，很多纠纷与纠缠都源于忌妒。

在生活中,社会新闻上天天都有因为忌妒而产生悲剧的报道。《红楼梦》中的林黛玉善妒,三国时的周瑜善妒,甚至有心理学家考证说希特勒之所以成为希特勒,是源于童年时期的忌妒心没能得到正确的满足。

我们无法断然宣称自己是一个从不忌妒的人。忌妒是人类骨子里的一种源远流长的传染病,它已经融入了我们的DNA,尽管已有不少人因它而疯,因它而死,但始终无法消除。

人人都有忌妒心,尤其是女人,更能敏感地感觉到忌妒的存在,比你弱的人忌妒你,而你又忌妒那些工作能力强,长相比你漂亮的人。忌妒是一种负面心理,如果任其发展下去,很可能对你产生消极影响。

娜娜很美丽,她也一直认为自己很有魅力,她告诉长相一般的邻居善儿,有很多权贵在她面前低三下四,拜倒在了她的石榴裙下。当善儿告诉娜娜自己有个漂亮的表妹,很多男人都围着她转,她也有这样的本事让这些男人对她俯首帖耳时,美丽的娜娜竟然说善儿的表妹上辈子是妓女,所以才有了这种本事。

这就是女人典型的忌妒心理。

忌妒是一种心理上的疾病,一个人一旦受到忌妒情绪的侵袭,往往会头脑糊涂,甚至丧失理智。忌妒就是女人心中的一把烈火,那是一把无情的贪婪的大火,那是一把来自心灵深处的罪恶的大火,是一把可以烧毁别人焚毁自己的大火;忌妒也是女人心中的一把刀,在把别人刺得伤痕累累的时候,也会深深地刺痛自己。

有一位不过40岁的女人,丈夫多金,儿子上进,她几乎过着一种贵妇人的生活。但是最近,她流着泪对她的好朋友说,不知道为什么,感觉自己忽然一下子衰老得很厉害。其实,她脸上的皮肤还很平整,几乎没有皱纹。不过,她的眉眼间有了一层深厚的阴霾,脸上少了以往明亮的光泽,这真的让她看上去瞬间老了10岁都不止。

她为什么突然会有这种感觉呢?原来,她参加了丈夫公司举办的一次员工派对。这一次她与全体员工见面时,看到了无数个美丽年轻

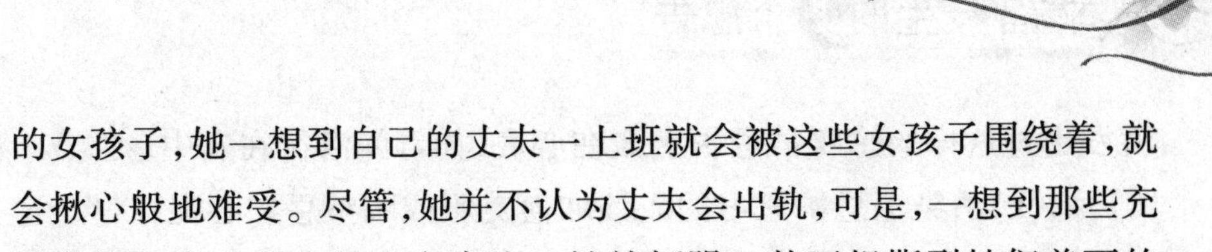

的女孩子，她一想到自己的丈夫一上班就会被这些女孩子围绕着，就会揪心般地难受。尽管，她并不认为丈夫会出轨，可是，一想到那些充满欲望的女人围在她丈夫身边，她就烦躁，甚至想撕裂她们美丽的脸！

这就是女人的忌妒之火，伤人害己的毒刺。德国有一句谚语：“好忌妒的人会因为邻居的身体发福而越发憔悴。”

忌妒从本质上说是一种恨。忌妒别人是可悲的，是一种对自己的变相折磨。

有一个农夫，家里有一把雨伞和一件雨衣。下雨天，他如果出去干活，就会穿上雨衣，时间一长，雨伞就被冷落了，心理很不平衡。它心想，为什么雨衣那么受宠，经常和主人一起出去兜风，而自己却只是在角落里，身上落满灰尘。它越想越生气，于是，有一天，趁雨衣不注意的时候，拿了把剪刀偷偷地剪了一个洞。做完这一切它很开心，心想，以后再下雨，主人肯定会带上自己了。谁知道，主人回到家，看到雨衣破了一个洞，就在雨伞上剪了一块缝在了上面。

可见，忌妒心就像一束火苗，如果不懂得如何去压制和平息，而任其燃烧的话，它就可能变成一把火，原本是想把别人点燃，结果却灼伤了自己。

记得日本有一个心理学家，在一所大学的一个班级做过一个测试，让全班同学随意写下自己最不喜欢的人，结果，写下全班最不喜欢人数最多的人，是全班人最讨厌的人。这个测试比较准确，如果你想知道自己是否是最不受欢迎的人，可以做一下这个测试。

忌妒被视为人性的弱点，似乎一无是处。其实，忌妒也能产生并促进良性竞争，从这个意义上说，“忌妒是一种伟大的存在”。

培根说：“在人类的各种欲望中，有两种欲望最为惑人心智，这就是爱情与忌妒。”一个人如果失去了忌妒的欲望，也会丧失前进的动力。古之成大事者，不仅有超世之才，也有忌妒。忌妒使人奋发，因为忌妒所以才有人去闻鸡起舞。但是因为忌妒而采取积极态度和行为的人实在太少，忌妒大量产生的是对立、仇视、攻击和破坏。巴尔扎克就发出过这样的感叹:“忌妒潜藏在心底,如毒蛇潜伏在穴中。”

那么,沾染上忌妒恶习的人该如何克服或调整忌妒心呢?

1.要心胸开阔,放开眼界

“天外有天,人外有人”,比你强人有很多;而且每个人都会有自己的强项,同时也会有自己的弱点。忌妒别人是没有用的,关键是自己奋发努力,迎头赶上。

2.懂得尊重别人

要想受人尊重,先要学会尊重别人。要敢于正视别人的优点和长处,学会尊重和欣赏别人,这也是一种好的品质和修养。还可以唤醒自己的积极心理,勇敢地向困难挑战,树立起自信心,这也是促使自己不断成功的催化剂。

3.客观评价自己

当忌妒心理萌发时,能够积极主动地调整自己的意识和行为,从而控制自己的动机。这就需要客观、冷静地分析自己,找差距和问题。

4.学会自我宣泄

最好能找知心朋友或亲人痛快地倾诉,他们能帮助你阻止忌妒朝着更深的程度发展。另外,可借助各种业余爱好来宣泄和疏导,如唱歌、跳舞、练书法、下棋等。积极参与各种有益的活动,可以转移注意力,忌妒的毒素就不会孳生、蔓延。

写给女人的心里话

对女人来说,让容颜消损最厉害的不是岁月,而是女人那颗狂躁的心。忌妒别人是损人不利己的事情,何必为之呢?最好把忌妒心转化为动力,积蓄力量,赶超他人,实现自己更高的目标。做好自己的分内事,远离忌妒,便会得到应得的回报。

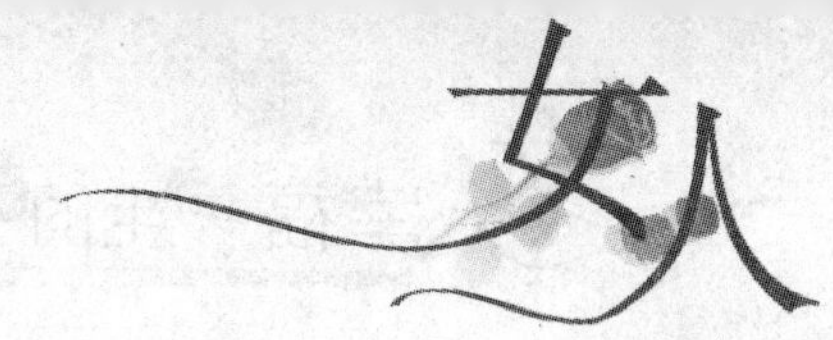

宽容多一点快乐多一分

在生活中，一些女人对别人的一点小错不依不饶，留给别人的印象往往是苛刻的。其实，女人应该学会宽容一点，用平和的心态去面对生活。因为宽容的女人是美丽的，也才能得到别人的尊重。

女人不是因为漂亮而耀眼，而是因为美丽而动人。漂亮是与生俱来的，天生的。但美丽就不同了，它是靠后天的修养所得的一种独特的气质和涵养，而宽容就是一种高素质的修养。

有人说："人有两颗心，一颗心用来流血，一颗心用来宽容。"一只脚踩扁了紫罗兰，它却把香留在那脚跟上，这就是宽容。如果你选择了计较，那么你将在黑暗中度过余生；如果你选择了宽容，那么你的生活将充满阳光。

相传古代有位老禅师，一日晚在禅院里散步，突见墙角边有一张椅子，他一看便知有位出家人违犯寺规越墙出去溜达了。老禅师也不声张，走到墙边，移开椅子，就地而蹲。不久，果然有一个小和尚翻墙，在黑暗中踩着老禅师的背脊跳进了院子。当他双脚着地时，才发觉刚才踏的不是椅子，而是自己的师傅。

小和尚顿时惊慌失措，张口结舌。但出乎意料的是，师傅并没有厉声责备他，只是用平静的语调说："夜深天凉，快去多穿一件衣服。"

可以想象，在宽容的无声教育中，小和尚一定是满脸愧疚，相信以后他再也不会犯这样的错了。"夜深天凉，快去多穿一件衣服。"简单的一句话，显示了老禅师宽如大海的心胸。

法国文豪卢梭在 11 岁时，爱上了刚好比他大 11 岁的德·菲尔松小姐，而德·菲尔松小姐似乎也喜欢卢梭。于是，两人轰轰烈烈地相恋了。但不久卢梭就发现,德·菲尔松所做的一切,只是为了激起她所暗恋的另一个男人的醋意。卢梭那颗早熟而敏感的心受到了巨大的伤害,他发誓再也不见这个玩弄别人感情的女人。

20年后,已经大名鼎鼎的卢梭荣归故里,在湖面上,他看到了坐在另一条船上的德·菲尔松。她衣着简单,面容憔悴,神情暗淡,完全没有了往日的风采。如果换成一个鼠肚鸡肠的人,一定会抓住这个复仇的机会,凑过去重提旧事,让德·菲尔松后悔。即使仅仅过去打个招呼,对德·菲尔松也是一种很好的示威。但卢梭没有这样做,而是悄悄把船划开了,他觉得事情已经过去了,再说,和一个40多岁的女人算陈年旧账没有一点意义。

卢梭是一个快乐的人,因为他懂得宽容。宽容了别人就等于宽容了自己,宽容的同时,也创造了生命的美丽。

什么女人最漂亮,宽容的女人最漂亮。女人外表的美丽只是暂时的,是天生的。有了后天大度和宽容的品质,才能真正靓丽,长久美丽。女人的宽容像玉,你只有细细体会才能知道玉的品质。

世界因为女人的存在而美丽,女人因为美丽而动人。在这五彩缤纷的世界里,宽容的女人永远是一道靓丽的风景线。

有这么一句经典的话:在对的时间,遇上对的人,是一种幸福;在对的时间,遇上错的人,是一种悲哀;在错的时间,遇上对的人,是一声叹息;在错的时间,遇上错的人,是一种无奈。

人在一生中会遇到很多无奈, 这就需要我们拥有宽容的品质,用宽容来对待生活中的无奈,这样才能少一分苦恼,多一分快乐。

宽容是一种生存的智慧,生活的艺术,是看透了社会人生以后所获得的那份从容、自信和超然。宽容地面对生活,面对人生,才会使自己拥有一个平静从容的生活,才能使自己活得更轻松、更洒脱。

当然,宽容不是怯懦,不是一味地逆来顺受,而是在理解的基础上的大度、忍让,以便在矛盾激化前客观公正地解决问题。作为女人,也许很娇贵,也许很单纯,也许很浪漫,但拥有一颗宽容之心,才是女人的完美之本。

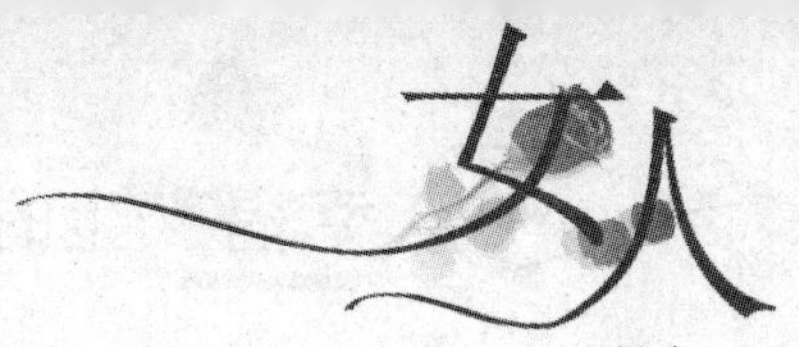

那么，怎样才能拥有宽容的心态呢？

1.要有开阔的胸襟

胸襟狭小的人，只能看到蝇头小利和眼前利益；胸襟开阔的人，往往眼光高远，不计小利，以大局为重。一个人的胸襟要足够开阔，因为人无完人，要做到得理让人、宽容别人。

在生活中，人都会有难堪的时候，做错事的时候，有求于人的时候，如果这时你处在评判的一方，尤其是他们的那些错处牵涉你的利益时，甚或他们与你有着深仇大恨时，你会怎样做呢？所以，需要你用谅解的态度去对待别人，这样便可以赢得时间，使矛盾得以缓和。

切记，与人发生急论、冲突时，只要占到了理，就应主动给人台阶下，给别人留点面子，这样朋友就会越来越多。在遇到困难和挫折时，别人就会主动帮助你。这样你不仅在道理上战胜了别人，更会在情感上战胜别人，赢得别人的信任和尊重。

2.犯错误不可怕，关键是要改正错误

人无完人，即使是智者也会犯错误，所以，不要斤斤计较别人的错误，要以宽容的心态来对待别人的错误。当自己犯错误时，也不要自怨自责，只要能从错误中汲取教训，改正错误，也是一件幸事。

3.不要埋下怨恨的种子

憎恨别人，就如同在自己的心灵深处种下了一粒苦种，不断伤害着自己的身心健康，而不是伤害被憎恨的人。所以，当你遭到别人的伤害，心里憎恨别人时，不妨换位思考，这样，心中的火气、怨气就会大减，你就能以包容的态度谅解别人的过错。

4.对不喜欢的人要宽厚相待

卡耐基说："如果你不喜欢人们，有个简单的方法可以改变这种特性：寻找别人的优点。你一定会找到一些的。"释迦牟尼说："以爱对恨，恨自然消失。"试着去包容你不喜欢的人，对他们宽厚相待，即使他们不会因此而喜欢你，但是你至少可以获取很多人生的乐趣。

5.对自己不要过于苛求

每个人都有自己的长处和短处，如果你有绘画的天赋，并不意味着你也会有体育方面的优势。所以,不要苛求自己事事都成功出色。做真实的自己,才是最重要的。

写给女人的心里话

包容一点天地宽。学会宽容,我们才不至于对生活求全责备,才不会在受挫之后彷徨失意。女人不仅要宽容别人,也要宽容自己。宽容别人，你会得到理解和尊重，而宽容自己则会让你的生活温暖而幸福。

平衡女人的攀比心理

女人天生就是攀比动物,这种攀比似乎是与生俱来的。我的儿子昨天考了一百分,我丈夫前几天升职了,我们部门的业绩今年又创新高……相信听了这样的话,不少女性的血压会急速升高。女人不断要求身边人做得更好,虽然看似富有上进心,实际上却是折磨他人和自己。

俗话说得好“人比人,气死人”。这句话告诉我们不要轻易攀比,因为盲目攀比只会伤害自己的身心,没有一点好处。但女人们往往很容易看到别人比自己好的地方,并因此心境难平。

在我身边有一个朋友喜欢攀比,所以一直以来,她身边也没什么男孩子追求。其实,我早就发现她是一个喜欢比较的人,也容易向那些现在比自己处境好的人看齐,总是在问为什么自己不幸福,为什么自己找不到适合自己的男孩子。

人很容易在盲目的攀比中丢掉自己的幸福,在别人所谓“幸福”的

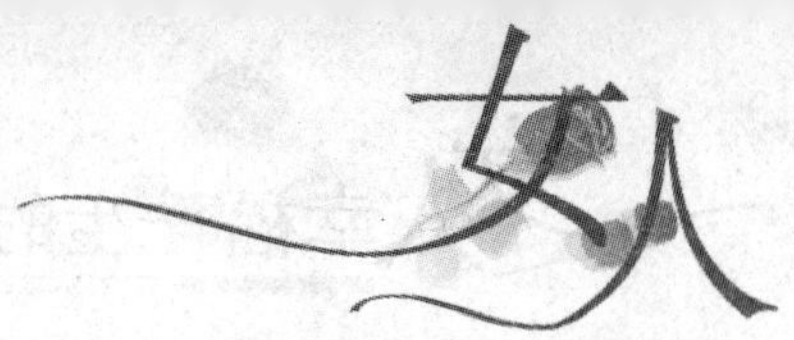

标准中不明不白地虚度年华。其实，女人平凡一点也没什么不好，平凡的女人虽然不能活得出人头地、风风光光，但只要不为平凡苦恼，照样生活得快乐而自由，活出平凡女人的恬淡与安然。

我有一个女同事就是一个很喜欢攀比的人，如果她买了新的服饰就会不断地炫耀，看见别的同事买了新款的服饰，在大肆贬低一番之后，她就开始疯狂地购物以便超越别人，渐渐地很多同事都开始不自觉地疏远她，最后她选择了离开。

所以，无需攀比，这是女人应该懂得的人生哲理。天外有天，人外有人，你永远无法达到最好的境界。如果女人总是将自己与别人攀比，那么你的生活就会永无宁日。

不管是在电视剧里还是现实生活中，女人没事总是喜欢邀上几位闺密一起喝茶聊天，聊天的内容自然是服装、家庭、工作等日常琐事。然而，等这些女人回家之后，也许有人更加拼命地工作，也许有人会向丈夫抱怨，也许有人开始注重培养孩子……自己不能成为最差的。于是，女人开始折磨身边的亲人，即使他们只有那么一丁点的缺点，女人也敏感地认为这是丢了自己的脸。其实，自己是在用无理的攀比心伤害着身边的人。

在电视剧《老大的幸福》中，金巧巧所饰演的小南就是一个非常典型的由于自己的攀比心过重而伤害到家人的例子。“官迷太太”小南有着神经质般的洁癖，在外是年轻漂亮的女护士，回到家却是个一心帮助丈夫争权夺位的官迷妻子。看到丈夫昔日的同事们纷纷升迁，望夫成龙的她以关爱的名义，一厢情愿地为丈夫设计生活，大到人生路径的选择，小到穿什么衣服、吃什么菜。小南其实很爱她的丈夫，正是因为爱，所以才希望丈夫变得更好。但是让丈夫改变的动机，却是自己内心攀比的需求，结果却伤害到了家人。

在现实生活中，有许许多多的“小南”，她们对生活的要求太多，在无休止的攀比中不仅伤害了自己，也伤害了家人。其实，夫妻间能够彼此体谅，能够相濡以沫就足够了，无休止的攀比只会搞得鸡犬不宁，破坏家庭的和睦。

不过，任何事情都有两面性，攀比心理也一样。过度的攀比心会造成家庭、工作中的不便。可是适当的攀比心理却可以成为前进的动力，让自己有所收获。女人要在积极做好本职工作的前提下，挖掘自己的潜能，充分发挥自己的特长与优势，使自己的人生价值得以实现。

在现实的世界里，没有攀比就没有竞争，如果所有人都不去攀比，家庭条件怎么得到改善，公司的业绩怎么提高。如果没有攀比，社会经济必将倒退。所以，适当的攀比还是必不可少的。

女人都有一颗攀比的心，或强或弱。但凡事都要有个度，如果女人的攀比心理过强，很容易失去快乐的感觉，也会让身边的人觉得难以承受，给家庭、工作和朋友造成不幸，给自己带来不必要的精神和经济负担，影响人们之间的友谊。

其实，女人的攀比不是什么大的错误，闲时讨论一下谁的衣服更漂亮，谁的工作方法更好，不失为调节生活的一种方式，甚至可以成为催人奋进的动力。但是，一味地攀比，为了自己的虚荣心伤害身边的人，便是庸人自扰了。

所以，女人不要羡慕别人拥有的奢华，而是要看重自己拥有的生活。这个世界上人与人之间有着各种差别，人们都按着自己不同的轨迹生活着，我们为什么要拿自己的弱势、劣势和别人的强势、优势相比呢？我们何不以乐观的心态来接受这个事实呢？为了抢快乐而变得不快乐，这不值得。把眼光放低一点，多往下比一比，生活自然会多一分快乐，多一分满足。

写给女人的心里话

天外有天，人外有人，你永远无法达到最好的境界。所以，无需攀比，这是女人应该懂得的人生哲理。把眼光放低一点，多往下比一比，这样，你的心情会变得平和起来，快乐自然也会随之而来。

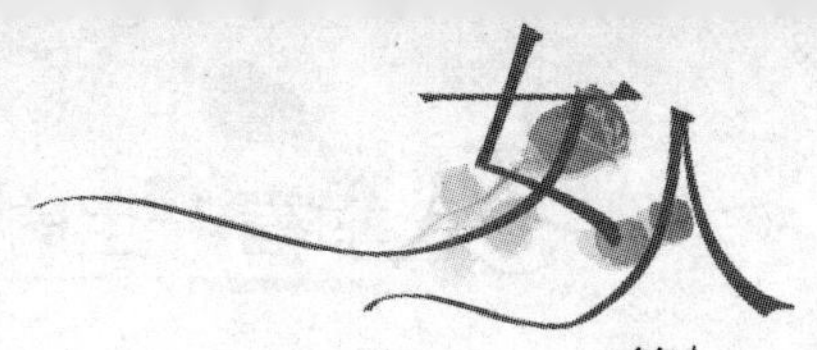

太依赖的女人易失去自我

依赖是一种心理问题，女性相对比男性更易产生情感依赖，更容易对某个人或动物、物品投入强烈情感，在投入过程中产生一种被需要、满足和依赖感，由此加强内心的自我肯定。这种关系逐渐强化成支撑生活的信念，但是一旦这种关系消失，依赖症患者往往痛不欲生。

女人总有依赖心理，即使是女强人也不例外。像藤一样缠绕在别人身上的滋味很舒服，但谁敢保证你的靠山会一辈子依着你，永远不会厌倦你的姿势？男人是用来依靠的，而不是用来依赖的。太依赖的女人易失去自我，与其等到剥离时痛苦万分，生不如死，不如趁早描绘出自己的风景。保持亲密关系和保护自己的最好方法就是距离。

曾认识这么一个女孩。

她永远都是这样的打扮：白色的棉布T恤，粗帆布裤子。时常大笑，笑容如正午阳光般灿烂，从来不化妆，奔波在京城的各大新闻聚焦的场合里。她有着媒体人独有的形象：性格豁达，内心强大，全然没有小女人的卿卿我我。在感情上，她的气势也能让她保持足够的自我。

在媒体场合，常常看到她清瘦的身影穿梭在众多的女明星之间。在星光熠熠的女明星中，她的独立和坚强，使她在一丛丛的玫瑰间绽放出不一样的光芒。

但有一天，她改变了。在一次发布会上，她扛着摄像机，脚下穿7寸的高跟鞋，着套装短裙。肩上笨重的摄像机和她周身的打扮格格不入。原来，她恋爱了，因为爱，不知不觉间她开始改变自己。

后来，她出现得少了，渐渐淡出了媒体圈。再见她，是在熙攘的大街上，她挽着一个男人的手臂，妆容、衣饰无一不是精心搭配，小鸟依人，一脸的幸福神色。男人的钱，足够她在家做一个全职太太，所以她已经不上班了，每天的工作就是打打毛衣，和圈子里的富家女人们一起做做美容。

嫁个大款，是许多女孩子梦想的事情。但后来听说她离婚了，因为男人有了外遇。

因为爱，女人开始依赖；因为依赖，在不知不觉间，女人就改变和失去了自我。

要改变依赖习惯的核心其实是端正生活态度。有些女孩可能梦想着婚后就能过上幸福的生活，想买什么就买什么，自己是否工作也无所谓，最好一切都能有人照顾，其实这种生活态度本身是有偏差的。两个人的生活，更多的是相互理解，相互帮助，而不是男性就应该养着女性。两个人只有平等才能真正恩爱，只有共同努力的生活才是真实的生活。

独立的女人是不依赖男人的，但女人的独立并不代表要赚多少钱，重要的是精神上的独立。

有这么一对老夫少妻，丈夫是美籍华人，妻子曾经做过演员，结婚后便告别了演艺圈，在家做全职太太，带 3 个孩子。可她没有黄脸婆的架势，在家里很注重言谈举止。每天早上跑步，送孩子上学后便去学柔道，下午回家做家务，空闲时间再看看书，晚上做饭，然后写写东西看看碟。总之，这位女士很忙，家里的事情都是她说了算，掌握着家里的财政大权，丈夫一概不加干涉，都由太太安排。他们之间很平等，互相尊重，互相夸奖。

可见，身为女人，关键是要有自己的空间和生活方式。即使你是一位居家太太，也要活出独立的自己，不能成为男人的附属品。女人只有不再依赖男人，才能真正活出自己的价值。

小测试：女性依赖心理测试（仅供参考）

虽然男女在地位上已经完全平等，但女人一般都对男人有一定的

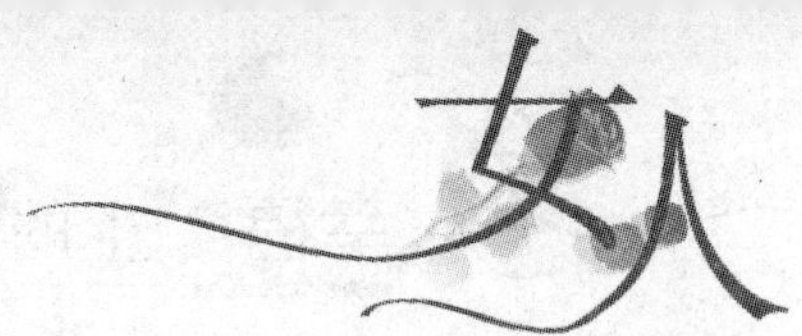

依赖感。作为现代女性，如果依赖性太强，则会失去自我。下面让我们做一个小测试，来看看你的依赖性如何。

当你搭乘别人摩托车时，想一想，你的手是怎么放的？

A.手扶在后面的把手上。

B.手扶在前面那人的腰际上。

C.把手放在自己膝盖上或干脆不扶。

D.双手紧抱着前面的人。

结果分析：

选 A：你是个独立自主的女性，你有冷静的头脑及非凡的判断力，令你做什么事都应付自如，从容不迫。生活中的你是一个备受注目的女强人。你的依赖性不强，也能较理智地看待问题。虽说你看似不够温柔多情，但你的恋人和同事都很欣赏你。

选 B：你表面独立，但内心是个脆弱敏感的女孩。你时时梦想着找一个可以全心依靠的人，可事实却常常难以令你满足。虽然你学会了自己靠自己，但是你细腻柔弱的心永远不会满足。

选 C：你不喜欢依赖别人，更不喜欢别人对你有太多依赖。生活中的你独来独往，才干出众，不喜欢同别人过多地深交。你有自己的主张，但个性太急躁，虽然别人愿意同你交往，却不会有知心的朋友。对于恋人，不喜欢被外人认为你在依赖他，总和他保持着若即若离的距离。

选 D：你是一个依赖性特别强的人。工作中的你很怕承担太多的责任，一旦有了恋人，便会一心一意依靠对方，自己则完全失去了独立性。

写给女人的心里话

女人总有依赖心理，即使是女强人也不例外。可是，男人是用来依靠的，而不是用来依赖的。太依赖的女人易失去自我，与其等到分离时痛苦万分，生不如死，不如趁早活出独立的自己。女人要挺直腰杆，如果男人是一棵橡树，女人千万不要做藤蔓，而是要做男人身旁的一株木棉。

做个会寻找快乐的女人

一个人生活在大千世界,好事、坏事无时不有,无处不在。不可能每天都风调雨顺,一切如意,有时会遇到挫折和不如意的事情。要学会一分为二地看问题。古人云:福兮祸所伏,祸兮福所倚。并没有绝对的好,也没有绝对的坏。塞翁失马的故事是对好事、坏事最好的诠释。只有拥有乐观豁达的心境,平和的心态,不以物喜,不以己悲,才能找到快乐,否则,快乐将与我们擦肩而过。

看了太多女人的伤感故事,听了太多女人的哀鸣抱怨,那么多的女人生活得并不快乐。为什么女人在忧伤里无法解脱,在平淡中找不到意义?其实,这是因为她们不懂得寻找快乐罢了。

对于生活中不能改变的东西,我们要学着适应。既然生活不能改变,那就改变自己的心情,而改变心情的最好办法就是学会寻找快乐。你不去寻找快乐,快乐绝不会来找你。

法国作家大仲马说:“人生是由无数个小烦恼铸成的念珠,达观的人总是笑着数完这串念珠。”既然每个人的人生都是由这么多的烦恼组成的,何不自己让自己更快乐些呢?笑着数念珠就是智慧的人生态度。

作为一个女人,如果希望自己有一个快乐的人生,那么就要笑对世界,展现出一副充满活力的面貌,让自己对未来充满期望。如果一个女人能找个理由悲伤,也一定能找个理由快乐。快乐是对自己的奖励,而悲伤则是对自己的惩罚。任何一个快乐的女人,都懂得去发现快乐,这世界不是快乐太少,而是缺少发现快乐的心。

女人在青春岁月里,要尽享青春的快乐。学习的快乐,拥有知识的

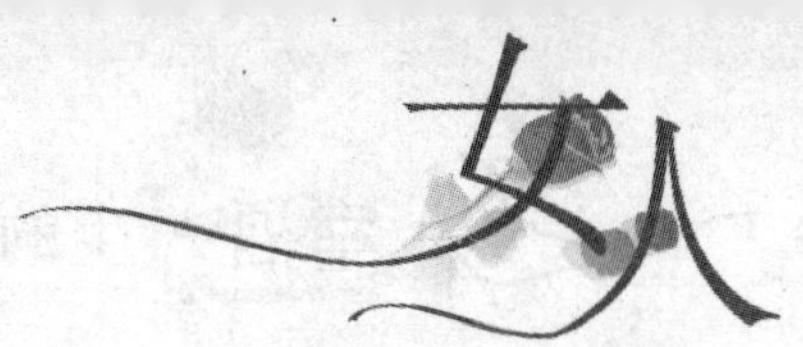

快乐，这些都可以在学习的过程中寻找到。在这个经济飞速发展的时代，掌握知识是多么重要，尤其是女人，拥有一项安身立命的本领本身就是一件很快乐的事情。女人也可以在工作中寻找快乐，把工作和自己的兴趣结合起来，和同事亲密相处，实现自我价值都是一种快乐……

婚姻中的女人，更要学会寻找快乐。所有的婚姻都是一个由激情到平淡的过程，不要渴望激情永久，不要希冀浪漫依然，明白了婚姻的真谛，就应该多几分从容、几分安然。从自己做起，把婚姻中的奉献当成是自己的快乐，煲一锅靓汤，有几样拿手的好菜，有一个干净整洁的家，有教育孩子的能力……这些都是婚姻中的女人获取快乐的途径。

来自家庭的快乐，只是现代女性快乐的一部分。现代女性更大的快乐是自我价值的实现，个人生活品质的提高，个人生命的自我完善。在这个过程中再加上对生命意义的思考，对生命意义的实践，女人就踏上了幸福生活的道路。

其实，快乐很简单。德国哲学家康德认为："快乐是我们的需求得到了满足。"的确，快乐是一种美好的状况，也就是没有不好或痛苦的事情存在。如何才能获得快乐呢？

1.主动寻觅、用心追求

快乐既不是一份礼物，也不是一项权利；你要主动寻觅、努力追求，才能得到。当你领悟出自己不能呆坐在那儿等候快乐降临的时候，你就已经在追求快乐的路途上跨出了一大步了。

2.敢于尝试新事物

当你接受新的挑战的时候，你会因为发现一个新的生活层面而惊喜不已。学习新的技术、开拓新的途径，都可以使人获得新的满足。任何人的生命都不是精心设计、毫无差错的电脑程式，所以应该有准备迎接挑战的勇气。

3.勇于追求梦想

萧伯纳有一句名言："一般人只看到已经发生的事情而说为什么

如此呢？我却梦想从未有过的事物，并问自己为什么不能呢？”女人应该有自己的梦想、自己的希望，因为奋斗的过程和实现目标一样，都能使人产生无比的快乐。当然你的梦想应合理和具体可行，不要好高骛远，徒劳一场。

4.只跟自己比

女人往往以为自己非得十全十美，别人才会接纳自己、喜欢自己。一旦发觉自己处处不如人时，就开始伤心、自卑，结果当然毫无快乐可言。其实，天下没有完人，女人要用自己当衡量的标准，不要和别人攀比，相信自己一定会今天比昨天好，明天比今天更好。

5.步调不要太急

你可能是个女强人、大忙人，可当你停下来思索片刻时，会不会觉得不太舒服，不够满意呢？生活的步调绷得太紧，反而得不到真正的快乐。好好地轻松一下，闲暇也像一种奢侈品，可以使你得到快乐，感到满足。

6.脸皮可以厚一点

专家调查研究，使人觉得满足的特点之一就是不要太在乎别人的批评，换句话说就是脸皮要厚一点。不要在意别人的冷言冷语，你应该心平气和地反省一下，如果别人的批评是正确的，你就该改进向上。如果批评是不公正的，何不一笑置之呢？

写给女人的心里话

也许你不是一个很出色的女人，但你完全可以成为一个最快乐的女人。每一个女人都有一份属于自己的快乐，就看你是否会寻找。学会寻找快乐，拥有快乐，你就是这个世界上最富有的人。

及时清扫心灵，扔掉心理包袱

很多女人都喜欢房子清扫过后焕然一新的感觉。当她们把门窗上的灰尘和地板上的污垢都清理掉，把一切都整理好后，整个人便好像得到了一种难得的释放。

大多数女人都有过年前大扫除的经历，当你一箱又一箱地打包时，你是不是惊讶自己在过去短短的时间内，竟然累积了那么多的东西，你是不是懊悔自己为何平时不花些时间整理、淘汰一些不再需要的东西，否则，现在就不会累得连背脊都直不起来。

其实，在人生的许多关口，我们都要随时进行“清扫”，扔掉一些该扔掉的东西，虽然我们依然对这些东西恋恋不舍，但不扔掉就会成为负担，拖累我们前进的步伐。

罗伊·格劳伯是美国哈佛大学的物理学教授，世界上著名的“量子光学”之父，在他快要过70岁生日的那一年，获得了诺贝尔奖的提名，可惜最终这个奖项却没有落到他的头上。于是，格劳伯开始怀疑自己对量子光学的研究，更要命的是，他经常问助手一个同样的问题——自己是不是真的老了。

此时，美国的哈佛大学和剑桥大学幽默科学杂志《不可能的研究纪录》举办的伊格诺贝尔奖——又叫“另类诺贝尔奖”邀请他参加。格劳伯参加了这个活动，并和其他科学家们一起自娱自乐，大喊大叫。但当身边有科学家提到这一生如能真的获得诺贝尔奖的时候，格劳伯便觉得心底一阵阵的刺痛。

当伊格诺贝尔奖的颁奖典礼结束后，所有的人都离开了会场，只有格劳伯一个人呆呆坐在椅子上，但大脑中还在想着真的获得诺贝尔奖的事。也许是看到台上太多的纸飞机和颁奖留下的纸屑，格劳伯不由得拿起角落中的扫把，开始清扫起会场，看着慢慢积聚起来的纸屑，格劳伯忽然间觉得自己的心是那么的宁静。当那些纸屑被格劳伯倒进垃圾桶的时候，格劳伯觉得自己的心灵一下子轻松了许多，就像自己心灵上的那些尘埃都被倒进了垃圾桶里一样。

第二年、第三年、第五年……已经白发苍苍的格劳伯一直在伊格诺贝尔的颁奖典礼上，整整当了11年的清扫工。2005年，真正的诺贝尔物理学奖落到了格劳伯的头上，这一年，格劳伯刚好80岁。

人们以为格劳伯再也不会清扫会场了，因为他已经实现了自己的梦想。但在这年的伊格诺贝尔颁奖典礼上，格劳伯又拿起了扫把。格劳伯的一名学生冲到台上，想拿走格劳伯手里的扫把，格劳伯却对他的学生说："真正的诺贝尔奖的获得者也是常人，他们心灵也有污垢，所以你不能拿掉我清扫心灵尘埃的扫把，我在清扫颁奖会场的时候，其实也在清扫自己的心灵。"

一位真正的诺贝尔奖获得者拿着扫把整整清扫了11年伊格诺贝尔奖的现场，这是一件史无前例的事情。其实，人人都应该有一把清扫心灵的扫把，及时扔掉心理包袱，这样才能轻装前进。

用电脑的人都知道，回收站是需要经常清空的。人的头脑也是如此，你不能把什么都留着，舍不得扔掉。聪明的人是善于取舍的人，是适时取舍的人。有太多心事的人走不快，完全没有心事的人又多半缺乏理性。你要不断清扫和放弃一些东西，因为"生命里填塞的东西愈少，就愈能发挥潜能"。

女人要经常问自己一个问题：我是不是每天忙忙碌碌，把自己弄得疲惫不堪，以至于总是没能好好静下来，替自己做"清扫"？对那些拖累你的东西，必须立刻放弃。心灵扫除的意义，就好像是生意人要时常"盘点库存"，了解仓库里还有什么，如果不能限期把一些货物销售出去，最后很可能会因为积压过多而拖垮生意。

记得一部戏里，一个人对主人公说："走吧，不要回头，做不好不要回来。"他的意思是让他离开这里，不要让过去拖累他。

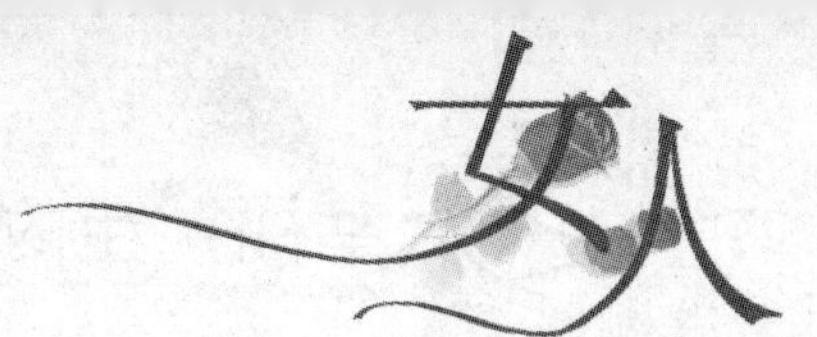

旅行家冈田有过一个有趣的亲身经历：有一年他和一群好友到东非赛伦盖提平原去探险。当时，正逢东非遭受严重旱灾。在旅途中，冈田随身带了一个厚重的背包，里面塞满了食具、切割工具、挖掘工具、衣服、指南针、观星仪、护理药品等。冈田对自己的背包很满意，认为已为旅行做好了完全的准备。一天，当地的一位土著向导检视完冈田的背包之后，突然问了一句："这些东西让你感到快乐吗？"冈田愣住了，这是他从未想过的问题。冈田开始问自己，结果发现，有些东西的确让他很快乐，但是，有些东西实在不值得他背着它们走那么远的路。冈田决定取出一些不必要的东西送给当地村民。接下来，因为背包变轻了，旅行变得更愉快了。

可见，生命里填塞的拖累愈少，就越能发挥潜能。所以，女人一定要随时清扫、淘汰不必要的东西，日后才不会变成沉重的负担。

心灵清扫原本就是一种挣扎与奋斗的过程。不过，每一次的清扫，并不表示这就是最后一次。你可以每次扫一点，但必须立刻丢弃那些会拖累你的东西。生命的过程就如同参加一次旅行，你可以列出清单，决定背包里该装什么才能帮你到达目的地。轻装上阵才能让自己活得更轻松，否则就会拖累自己的一生。

写给女人的心里话

女人一定要随时清扫、淘汰不必要的东西，日后才不会变成沉重的负担。其实，每一个女人都应该有一把清扫心灵的扫把，及时扔掉心理包袱，这样才能轻装前进，让自己活得更自在。

放慢匆匆脚步，学会享受生活

快节奏、强压力下的人往往不能有自己的时间、空间，自己不属于自己。女人为了追逐名利和成功，为了让家人过上更好的生活，往往是勇往直前，忙完工作忙家务，结果心力交瘁。没有一个女人不想享受生活，只是人生短暂，在该享受生活的日子里，家庭和社会的责任让她在不经意间遗忘了自己。

一位心理学家这样说："工作、爱情、享乐是人生的三个重要方面，偏废了任何一方面就不算是完美的人生。"所以，女人不应该再拖延了，不要再拿孩子还小或房子还没买做借口，试着从现在就放慢匆匆脚步，开始享受生活吧。

曾看过毕淑敏的一篇文章，说的是女人什么时候才能享受生活。特别是有家庭的女人，似乎生活的重心只是围着丈夫孩子热锅台转，没有停下来的一刻，也就没有所谓的享受。等到孩子大了，成了家，有了孙子，做了奶奶的女人此刻又开始了新一轮的操劳。可怜的女人，一生都是为了家人或者为了别人而活着，从不为自己，不知在归去的那一刻心里是否会有白活一场的感叹？

其实，享受并非是要过着物质丰富、好吃好住的生活。女人的享受其实很简单，在忙忙碌碌的日子里，留一点空间给自己喘口气的机会，在为家庭为社会奉献自己的光和热的同时，别忘了要善待自己。

曾经看过这么一则关于"享受生活"的故事。

黄昏下的海滩，有一位不知从哪里来的老翁，每天坐在固定的一块礁石上垂钓。无论运气怎么样，钓多钓少，两小时的时间一到，便收起钓具准时离去。

一个年轻人觉得老人的行为太古怪了，便问老人："当你运气好的

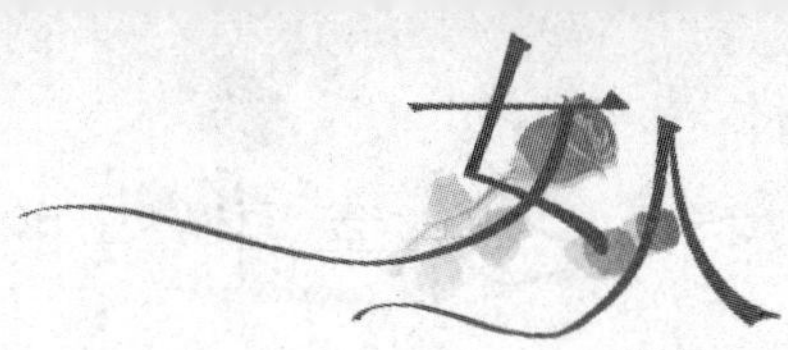

时候，为什么不一鼓作气钓上一天？这样一来，就可以满载而归了！”

“钓那么多鱼用来干什么？”老人平淡地反问。

“可以卖钱呀!”年轻人觉得老人傻得可爱。

“卖了钱用来干什么？”老人仍然平淡地问。

“你可以买一张网，捕更多的鱼，卖更多的钱。”年轻人迫不及待地说。

“卖那么多的钱来干什么？”老人还是那副无所谓的神态。

“买一条渔船，出海去，捕更多的鱼，再赚更多的钱。”

“赚了钱再干什么？”老人仍然是一副无所谓的样子。

“组织一支船队，赚更多的钱。”年轻人心里直笑老人的愚钝不化。

“赚了更多的钱再干什么？”老人已准备收竿了。

“开一家远洋公司，不光捕鱼，而且运货，浩浩荡荡地出入世界各大港口，赚更多更多的钱。”年轻人眉飞色舞地描述道。

“赚了更多更多的钱还干什么?”老人的口吻已经明显地带着嘲弄的意味。

年轻人被这位老人激怒了，没想到自己反倒成了被问者。“当然是为了享受生活!”

老笑了：“我每天钓上两小时的鱼，其余的时间嘛，我可以看朝霞，赏落日，种花草蔬菜，会亲朋好友，我已经在享受生活了。”

老人说完后，便打点行装，扬长而去，因为他今天钓鱼的时间结束了。

是啊，转了一大圈，忙忙碌碌，是为了享受生活。为何不放慢匆匆脚步，享受生活呢？这位老人也许是所有女性朋友们应该学习的榜样。

犹太人认为，人活着是为享受而来的，而不是受苦受累，享受生活是人生的唯一目的。所以他们总是以一种悠闲的心态看待人生，什么都看得开，放得下，达到一种令人神往的人生境界。人需要休息、放松和娱乐。作为女人，我们怎么做才能享受到生活的乐趣呢？

1.学会打扮自己

人类都是天生爱美的动物，尤其是女人。说到美，除了我们提倡的心灵美，道德高尚之外，最现实的是必不可少的漂亮的穿着打扮。中国首席名模姜培琳有句至理名言：虽然我知道讲究衣着是一件十分愚蠢的事，但对于一个女人来说，不讲究衣着更加愚蠢。女人穿着大方得体，甚至独具一格，穿出自己的品位和特色，这不是虚荣，就算是灰姑娘也会希望自己有漂亮的衣服把自己打扮得很出众。爱美是女人共有的天性。所以，成熟的女人要通过多读书看报，吸收和增强自己的学问和知识，开阔自己的心胸，完善自己的文化修养，寻求合适自己身材样貌气质的着装打扮风格，穿出自己的自信和特色。在追求美丽装扮为自己增添魅力的过程中享受生活的乐趣。

2.科学合理地安排饮食

民以食为天，聪明能干的女人一定要学会科学合理地安排饮食，才能好好享受美食带来的乐趣。女人们在完成一天的家务之后，一定要懂得见缝插针地享受一下。比如给自己泡一杯香茶或咖啡，听点儿自己喜爱的音乐等，这样的生活并非只有所谓的“小资女人”才可以享受，只要你想，你就可以！

3.布置温馨舒适的小窝

作为女人，完全可以运用天生对美学的良好触角，将居室布置得温馨舒适。当然这需要经济上的强力支持。但只要你懂得安排，其实所费也不必太多，那就是力求简单与实用，特别要注意的是色彩要用得恰到好处。家具布置越简单越好，这样你就可以省掉许多打扫整理杂物的时间，可以有空余的时间看一本心爱的书籍或写一点心得体会，或者干脆什么也不做，静静地享受一下安闲片刻的宁静。

聪明的女人不要再拖延，不要再举棋不定。一个女人，不管平时有多忙，别忘记一定要学会放松自己的身心，尽情享受生活带给你的乐趣。只有会享受生活的人，才能创造出光彩绚烂的生活。

写给女人的心里话

行走的时候，别忘了欣赏周围的风景。女人不应该再拖延了，试着从现在就放慢匆匆脚步，开始享受生活。女人的享受其实很简单，在忙忙碌碌的日子里，留一点空间和时间给自己，在奉献自己的同时，别忘了要善待自己。

第三个忠告 会说话会办事，把“女色”当资本

心理学家告诉我们，和人初次见面时，重要的是最初的四分钟，这四分钟时间，为自己创下一个永远不能磨灭的第一印象。作为一个女人，要想在交际场合游刃有余，就必须给人留下良好的第一印象。记住，微笑的女人是温柔的，微笑的女人是慈爱的，微笑的女人是最有亲和力的。女人们，别吝啬你的微笑，它是这个世界上最弥足珍贵的财富。从现在起，给自己一个笑脸，生活将灿烂无比！“女色”是女人的资本，善用“女色”的人自立自信，精明豁达，干脆利落，能让女人在追求事业的时候受益良多。

完美展现自己，打造良好第一印象

第一印象，就是两个素不相识的人第一次见面所形成的印象，这在生意场中非常重要。因为，第一印象永远不能改变和磨灭。一个好的印象，好像通行证一般，令日后的工作更顺利和方便；反之，你要改变第一次给人的坏印象，日后要加倍努力，才可做到。作为一个女人，要想在交际场合游刃有余，就必须给人留下良好的第一印象。

心理学家认为，第一印象是指最初接触到的信息所形成的印象对我们以后的行为活动和评价的影响。这些内在或外在的条件，在实际的交往过程中只不过是一点一滴的汇聚，或许仅仅是一句话、一个表情、一个不经意的小动作，就会将一个人大部分的潜在信息暴露在对方眼中，而这将决定对方对你的第一印象如何，以及对方是否愿意和你继续交往等。

所以，一个人给人的初次印象几乎都是视觉上的，如表情、姿态、身材、仪表、年龄、服装等方面。在我们真正了解一个人之前，我们早在第一眼看到他时，就形成了对他的初步看法。例如，单位里对新来的上司、新来的同事，介绍恋爱对象的第一次见面等，第一印象都会发生作用，如果双方都给对方留下深刻的印象，就可以作为今后交往的起点和根据。

作为女人，你展示自己的方式对人们如何理解你至关重要。通过你的穿着和举止，别人就可以对你的能力、自信和机智做出判断。一

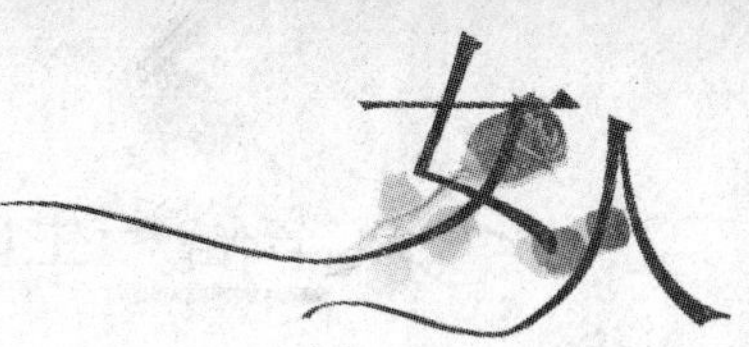

个善于生意场交际的人都很重视自己给别人的第一印象。所以，女人从一开始就要注意塑造一个讨人喜欢的形象。

1.衣着整洁得体

一个蓬头垢面、衣衫不整的人站在你面前，一定会让你讨厌。衣着服饰是一个人文化素养的外在表现，一定要和身份相符，不能过于花哨时髦，最要紧的是得体大方、干净整洁。可适当体现个性，但和周围同事反差不能太大。发型、化妆应简洁明快，切忌矫揉造作。当然，穿着得体并不是说要在所有人中间穿戴得最昂贵、最有派头，而是说要知道穿什么最合适，并自信地穿戴。如果你是去一家律师事务所面试，那么不要穿着鲜艳的超短裙去；如果你是去面试时尚栏目，那就不要穿着深色的双襟套装和又圆又厚的鞋子。所以，如果你穿着得体，你会觉得更自在，也会更自信；如果你的穿着实在不得体，你有可能会觉得不自信。

2.举止大方，踏实工作

待人热情坦诚，说话办事文明礼貌。与人交谈时，不要太多谈论自己，要注意发现别人感兴趣的话题，善于倾听别人的言论，尤其不要随便打断别人的谈话。在工作中，切忌懒散、浮躁、漫不经心，做事要善始善终。对必须从事的体力劳动，不能因为太脏、太累、太苦、太单调而不努力完成。

3.看着对方的眼睛说话

在跟人谈话时，要看着对方的眼睛，这不仅能表现出你的专注和自信，也更容易吸引对方的注意力。如果你的目光漫无目的，不是低头看着自己的脚，就是抬头看着天花板，就会显得犹豫、不自信。所以，在谈话中一定要直视对方的眼睛。除了目光接触，还有其他一些待人接物的小技巧要注意，比如，跟人握手的时候不要绵软无力。简单、有力地握住手是最好的。如果你的手有点出汗，想办法先擦一擦。另外，握手也不要太用力。

4.自信地表达自己的意思

在跟别人说话的时候，一定要清楚、自信地表达自己的意思。女性尤其容易使用画蛇添足的语言，其实没有必要。直截了当地说出你要说的话，会让别人感觉你更自信。你选择何种说话方式，能让人了解到很多有关你的东西。你把想法表达得越清楚，别人就越会认真对待它们，让你继续向前迈进。不要过多地解释自己的意思，要相信自己的想法本身就很有价值。

5.注意小节，不要因小而失大

不能长时间地接打私人电话，尽量不要在办公室接待亲友同学。不要随便串岗，影响他人工作，不要随意翻看他人办公桌的公文、信件，不传闲话，不随便打听别人的事情，尤其是不能“打破沙锅问到底”，等等。

写给女人的心里话

心理学家告诉我们，和人初次见面时，重要的是最初的四分钟，这四分钟时间，给别人留下了一个永远不能磨灭的第一印象。作为一个女人，要想在交际场合游刃有余，就必须给人留下良好的第一印象。

微笑的女人最有亲和力

微笑可以拉近人与人之间的距离，会让你看上去更有亲和力。而女性最能打动人的就是微笑。有位世界名模这样说：“女人出门时若忘了化妆，最好的补救方法就是亮出你的微笑。微笑，本不是女人的专利，但女人从心底里发出微笑时，却可以让灰暗的人生焕发出靓丽的光彩。”

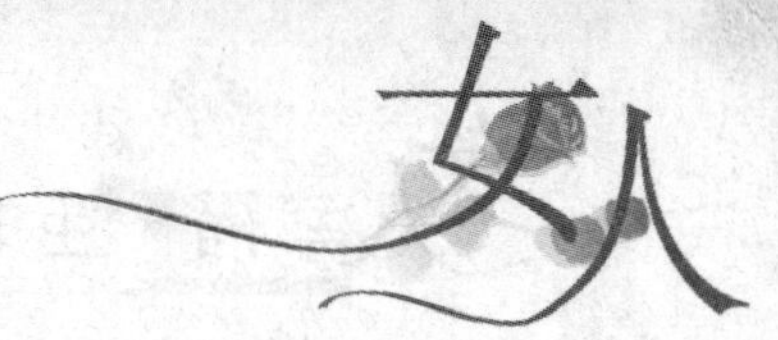

女人如花，四季常开。笑靥如花，就是对女人最恰当的比喻。微笑被誉为“解语之花，忘忧之草”，真诚而自信的微笑，就像春风荡开的涟漪，一圈一圈感染着同时也美丽着湖水。学会微笑，你的生活将充满七彩阳光。

微笑着的女人是最美的，女人的微笑，是一杯醉人的美酒。笑的方式有很多种：训练有素地露出八颗牙齿的笑是美的；吃吃笑、哈哈笑、开怀大笑也是美的……这些笑固然很美，但从美学和艺术的角度看，那些给人美感、勾人心魄的笑大都是含蓄而微妙的。比如，“犹抱琵琶半遮面”的笑让人回味无穷，再如，蒙娜丽莎那若有所思的神秘诱人的微笑迷倒了几个世纪以来世界上所有的人。还有，“芙蓉如面柳如眉”的杨玉环“回眸一笑”间倾国倾城，致使“六宫粉黛无颜色”。那一低头、一回眸、蓦然一笑的瞬间，宛若昙花一现，流星划过夜空，转瞬即逝，那微笑是朦胧淡远的、含蓄缥缈的、隐秘深情的。

微笑是一朵奇葩。微笑着的女人最美，她不炫耀，不张扬，智慧般的轻浅一笑，幽雅细腻，像一杯芳醇的美酒，令人陶醉，久久难忘。把微笑送给别人，就会体验到一种真正的愉悦，心情好了，幸运就会光顾你。

曾听过这样一个故事。

有一家信誉非常好的连锁花店，准备高薪聘请一位售花小姐。前来应聘的有五十多人，老板经过筛选后，留下了3个女孩，让她们每人到花店试用一个星期，然后决定最终的胜出者。这3个女孩长得都十分漂亮，很适合卖花。她们一个有丰富的工作经验，一个是花艺学校毕业的应届生，最后一个是待业青年。

有售花经验的女孩，对这工作轻车熟路，自信满满，每当有顾客来光顾，她就不停介绍各类花的花语及给什么样的人送什么样的花，一个星期下来，她的业绩很不错。

花艺学校毕业的女孩，充分发挥自己所学的专业知识，精心琢磨插画的艺术和成本，一个星期下来，业绩也相当不错。

而待业女青年，有些慌了，感觉自己没什么优势，不管，置身在花丛中的她也能全身心地投入工作,她要用工作的热忱来赌一把。每一个到花店的顾客,都能得到她一句含笑的甜甜的祝福:鲜花送人,手有余香。但顾客听后,大多是笑一下,根本就不买花。虽然女孩很卖力,但一个星期下来,她的业绩根本无法和前两位女孩相比。

出乎意料的是,老板最后选择了待业女青年,他这样说:“用鲜花挣再多的钱也是有限的,用如花的心情和微笑去挣钱才是无限的。花艺可以慢慢学,经验也可以积累,但如花的心情是学不来的。”

所以,一个真正懂得微笑的女人,总能历经人生的风雨,然后迎来绚烂的彩虹,好运总和她如影随形。

女人要想学会微笑,首先要自信,因为自信的笑才是最美丽的。而女人的自信来自阅读和经历,“腹有诗书气自华”, 知识让你厚重,气质让你美丽,经历让你从容。自信对女人非常重要,相信自己能行,就会攻无不克。其次,要懂得宽容。宽容的女人不会歇斯底里,懂得转向,知性,理智。不轻易放弃,不过分强求,懂得有取有舍,要的是这份心态。女人在很多时候期望不要太高,就不会有更多的失望,期望少的时候,往往也会出现惊喜。最后,要有一颗善良的心。善良的心灵、淡然恬静的生活姿态会让女人好好地爱自己和别人,与人为善。

即使生活有一万个理由让你哭,你也要找出第一万零一个理由让自己笑,笑对困难,笑对生活,笑对一切。培根说过,“你的微笑就是你好意的信差,你的笑容能够照亮所有看到它的人。”生活中,一个微笑能温暖失意的人,一个微笑能让眉头紧锁的人愁云散去,一个微笑能够拉近彼此的距离,从而多一些愉快、安详和融洽。

在所有的交际语言中,微笑是最有感染力的,微笑是人际交往的高招。往往一个人微笑能很快缩短你与他人间的距离,表达出你的善意、愉悦,给人春风般的温暖。微笑是人际关系的润滑剂,女人在运用微笑传情达意时,要注意做到以下几点。

1.微笑要自然

微笑要发自内心,要笑得自然,笑得亲切,笑得美好、得体,不要给别人造成误解,更不能为笑而笑,没事装笑。

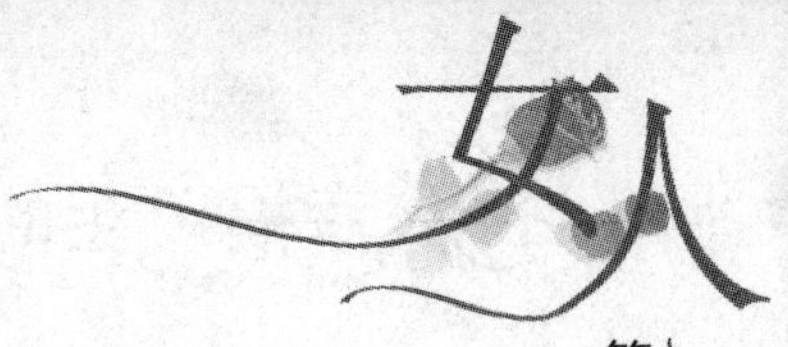

2.微笑要真诚

真诚的微笑让对方内心产生温暖，有时候还可能引起对方的共鸣，使对方陶醉在欢乐之中，加深双方的友情。

3.微笑要有尺度

微笑是向对方表示一种礼节和尊重，如果不注意尺度，笑得放肆、过分、没有节制，会引起对方的反感。

4.在合适的场合微笑

微笑不可以用于一切交际环境，它的运用是有讲究的。微笑要使人觉得自己受到欢迎、心情舒畅，但对人微笑也要看场合，否则就会适得其反。有时候，在笑得太夸张的情况下，就会让你看起来紧张和无助。当你出席一个庄严的会议，或是讨论重大的政治问题，自然不宜微笑。当你的谈话让对方感到不快时，也不应该微笑，或应及时收起笑容。

写给女人的心里话

微笑是刚启封的美酒，醉人心扉；微笑是和煦温暖的春风，把人熏陶。经常对着镜子朝自己笑一笑，或者对周围的人笑一笑，就可以改变对世界的看法，改变自己的心情。记住，微笑的女人是温柔的，微笑的女人是慈爱的，微笑的女人是最有亲和力的。女人们，别吝啬你的微笑，它是这个世界上最弥足珍贵的财富。从现在起，给自己一个笑脸，生活将灿烂无比！

逢人只说三分话

俗话说："逢人只说三分话，未可全抛一片心。"大抵可算"害人之心不可有，防人之心不可无"的古语翻版。就是说，说话时要给自己留几分余地，不要逞一时口舌之快，把话说得太满，如果把握不好其中的尺度，就可能给自己带来麻烦。

成熟的人的确只说三分话，你一定会认为他们很狡猾，是不诚实的。其实，说话须看对方是什么样的人，对方如果不是可以尽言的人，你说三分真话已经是不少了。你也许以为大丈夫光明磊落，事无不可对人言，又何必只说三分话呢？

首先，人与人之间存满了竞争，很少有真正的友谊。在竞争关系中交真心动真情，最终只会更加尴尬而自寻烦恼。其次，世界上到处充满了斗争与矛盾，社会上到处都有小人，到处都是陷阱，君子又斗不过小人，说话稍有不慎，便陷入任人宰割的危险境地。

知音难求，我们为了一时的畅快，对并非相知的人畅所欲言，结果只能是自取尴尬。每个人都有自己的秘密，倘若你凭一时冲动找人去倾诉。这样做的结果，很可能就是把秘密泄露出去，而自找倒霉。

杯子留有空间，就不会因为加其他液体而溢出来，气球留有空间就不会因为再灌进一些空气而爆炸。人说话留有空间，就不会因为意外的出现而下不了台。所以，我们在平时说话千万不要因为一时痛快而信口开河。

一个年轻人想到大发明家爱迪生的实验室里工作，爱迪生就见了他。这个年轻人为表示自己的雄心壮志，说"我一定能发明一种万能溶液，它可以溶解一切物品。"爱迪生便问他："那么你想用什么器皿

来放这种万能溶液呢？它不是可以溶解一切吗？”

年轻人正因为把话说绝了，陷入了自相矛盾的境地。如果将“一切”换为“大部分”，爱迪生便不会反诘他了。

古人有云：守口如瓶，防意如城。告诉我们说话要谨慎，让人们缄口不言是做不到的，唯有小心谨慎而已。这是对自己的安全和品行的一种保护措施。

有这样一个小故事。

有一天，狮子把羊叫过来问自己是否很臭，羊说：“是的。”狮子就把它的脑袋咬掉了。狮子又把狼叫来，问同样的问题，狼说：不臭。狮子把狼撕成了碎块。最后，狮子把狐狸叫来问，狐狸说：“我感冒得很厉害，闻不出来。”结果狐狸保住了性命。

可见，说话太诚实了不行，而尽说好话奉承的也遭殃，而只说三分话的是恰到好处。虽然坦率真诚，快人快语，言无不尽，这是人的美好品德。但遇到险恶用心的人，我们的坦诚和言无不尽很有可能被有心人利用，给自己造成伤害，所以我们不得不防。

有一位开国皇帝小时候家里很穷，和一帮小伙伴放牛。某天一起偷别人地里的芋头，盛在砂罐里煮熟后，众牧童争抢，将罐打破，汤汁流了一地，只剩下芋头。多年后，他坐上了龙椅，当了皇帝，昔日小伙伴来投奔。第一个人找到他，当着众人的面如实讲述那段往事，皇帝觉得很没面子，大声呵斥说不认识这人，把他赶了出来。第二个人进来跪下，说：“万岁爷曾记否，微臣当年随驾征讨，攻破砂罐城，捉了芋将军，跑了汤将军……”这个人用一种巧妙的方式讲述皇帝小时候和自己的交情，结果，龙颜大悦，重重地赏赐了他。

对这种传说不必去考证史上是否真有其事，但却反映了我国传统社会流行的一种处世态度：逢人只说三分话。

孔子曰：“不得其人而言，谓之失言。”所以逢人只说三分话，不是不可说，而是不必说、不该说，这与事无不可对人言并没有冲突。

有时候，你只说三分话，是由于你的职业道德。做医生的，特殊病人的状况，病历，你是只字不能向病人提及的，这是医生的职业道德。

如果你从事的是保密工作，或者特殊的行业，更是应该注意的。

如果你是一个“最快”的女人，那么在日常生活中一定要注意以下方面。

1.当你答应别人的请求时，最好不要说类似于“保证”“绝对”这样的话，而应该多用“我尽量”“我试一试”等这样的字眼。尤其是在接受上级交给的任务时，更应该注意，一定要给自己留有余地，因为万一自己做不到时还有退路可言，别人也不会因为你事情没办好而责怪你。

2.当你和别人发生矛盾时，千万不要口出恶言，更不要说“势不两立”之类的话，因为以后难免抬头不见低头见。还有，对别人不要太早下结论，像“你这辈子不会有什么出息了”“你这次完蛋了”之类的话。因为人的一辈子变数很大，被你不看好的人很可能会“咸鱼翻身”，那样，你岂不是搬起石头砸自己的脚？

当然，具体情况还要具体分析，有时候把话说绝也是实际需要，比如，你对追求者毫无感觉，就要把话说绝，让对方死心，既解脱了自己，也给了对方重新选择的机会。不过，一般情况下，说话还要保留一点空间，这样既不得罪人，也不会让自己陷入困境。一定要记住多用中性、不确定的词语，你就会变成一个会说话的女人。

写给女人的心里话

“逢人只说三分话，未可全抛一片心。”在人际交往中，有心计的女人一定要注意把握说话的尺度，不要把话说得太绝，多用中性、不确定的词语，这样做事才能收放自如，成为一位会说话的完美女人。

用赞美的语言打动人心

有人说：一个经常赞扬子女的母亲可以创造出一个幸福快乐的家庭，而且可以培养出聪明懂事的孩子。一个经常赞扬学生的老师，不仅让学生生活在积极向上的氛围中，还可以带出一个有凝聚力的班集体。一个经常赞扬下属的领导者，不仅使得下属产生亲近感，工作热情更高，而且可以营造和谐的人际氛围，增加单位的凝聚力和向心力。所以，学会赞美别人往往会成为你处世的法宝。

赞美是一种积极地肯定别人的方式，它通常用巧妙、精辟的语言表现出来，能给人一种无比自信的满足感和成就感。生活往往便是如此，真正聪明的人善于从小事上赞美别人，而不是一味地搜寻了不起的大事。从小处着手夸奖别人，不仅会给别人以出乎意料的惊喜，而且可以使你具备关心、体贴入微的形象。

据说有甲乙两个猎人，各猎得两只野兔回来。甲的妻子看到丈夫回来，冷冰冰地说："只打到两只吗？"甲猎人心中不悦。"你以为很容易打到吗？"他心里如此埋怨着。第三天他故意空手回来，好让妻子知道打猎不是像她想象的那么容易。乙猎人所遇到的恰恰相反，他的女人看见他带回来了两只野兔，就欢天喜地对他说："你真了不起，竟然猎回来两只野兔！"乙猎人听了心中暗喜，"两只算得了什么？"他高兴而又带点自傲地回答了他的女人。第二天他竟打回了四只野兔！

乙猎人的女人本来是平淡如水的话，但因为是发自内心的赞美，创造出了一种和谐的气氛，使丈夫享受到愉快，进而拥有一种积极心态，最终有利于事业的成功和生活的幸福。

莎士比亚曾经说过这样一句话："赞美是照在人心灵上的阳光。没有阳光，我们就不能生长。”心理学家威廉姆·杰尔士也说过这样的话：“人性最深切的需求就是渴望别人的欣赏。”应该说，渴望抚慰与鼓励，是人之共性。

有句话是这样说的：“人是渴望赞美的动物。”每个人都喜欢听到别人对自己的赞美和肯定。你想要别人有什么样的优点，你就要怎样去赞美他，你若是想达到自己的目的，就更需要用赞美去打动对方。

不管是男人还是女人，都渴望得到别人的赞美，因为赞美能让人产生一种强烈的自豪感和满足感。

对男人来说，能得到女人的赞美，就意味着自己通过了女性的标准检验，这会使他备感愉快。对女人来说，得到男性的赞美很容易，如果能得到同性的赞美则不是那么容易了，因为女人向来都有很重的忌妒心，如果女人能得到女人的赞美，更是一件让人愉快的事情。

著名心理咨询专家凯苏拉曾救助过一个近似废人的哑巴，他的名字叫查理。凯苏拉每天注意观察查理的举止，并及时对他所表现出的任何良好的言谈举止给予鼓励和赞扬，对他最微小的健康表现，对他脸上和嘴上的任何一点微小的动作都给予鼓励和赞扬。一点一点，一天一天，奇迹终于出现了。31天之后，查理能说话了，能大声读报刊书籍，而且对百分之九十的问题能正确回答。

让哑巴开口说话，这就是赞美的力量。

美国卡内基研究增进人际关系的基本原则，强调人与人之间应该“不批评，不责备，真诚的赞美”。所以，作为女人，没有理由不去赞美别人，通过赞美，你可以让对方感到愉悦，同时你也能获得更多的友谊。

从心理学角度讲，赞美也是一种有效的交往技巧，能有效地缩短人与人之间的心理距离。但在现实生活中，有相当多的人由于不善于赞美别人或得不到他人的赞美，从而使我们的生活缺乏许多美的愉快情绪体验。

和上司相处，如何知道他对工作的要求，如何领会领导意图？和同

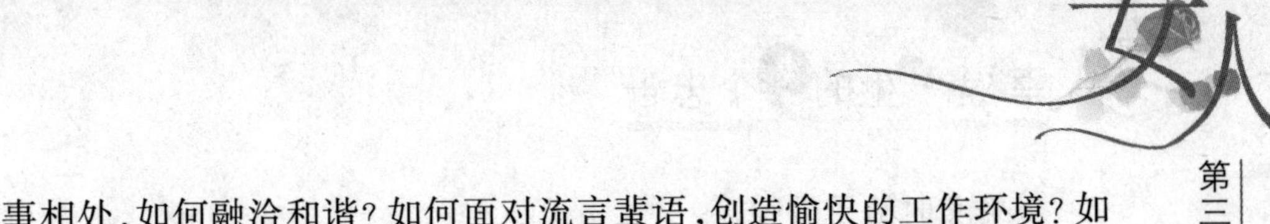

事相处，如何融洽和谐？如何面对流言蜚语，创造愉快的工作环境？如何面对能力比你强的同事？处理好这些矛盾，有一个诀窍，那就是学会赞美他人，欣赏他人。

人人都喜欢听好话，都希望得到他人的肯定。在这个世界上，又有谁愿意被别人批评呢？赞美对双方都是有益的，它能使双方都看到美好的前景，不断追求进步。

心理学研究发现，人们的行为受动机的支配，而动机又是随人们的心理需要而产生。人们的心理需要一旦得到满足，便会成为积极向上的原动力。赞美是对人们精神的激励和心理的疏导，能为其展示光明的前途，调动其工作热情和树立信心。

韩国某大型公司的一个清洁工，本来是一个最被人忽视，被人看不起的角色，但就是这样一个人，却在一天晚上公司保险箱被窃时，与小偷进行了殊死搏斗。事后有人为他请功并问他的动机时，答案却出人意料。他说："当公司的总经理从我身旁经过时，总会不时地赞美我说你扫的地真干净"。你看，就这么简简单单的话，就使这个员工受到了感动，并以身相报。这也正合了中国的一句老话——"士为知己者死"。

当然，赞美不等于虚伪，不是夸大其词的吹捧，更不是拍马屁，而是要多看到他人身上的闪光点，并不是一味地说他人好话，果真如此，岂非成了"巧言令色"之辈？赞美是真诚的鼓励，赞美是对别人的鞭策。一句普普通通的、真诚的赞美有时可以改变一个人的一生，可以激励一个人的一生，可以使他成就一番事业；一句不经意的讽刺、挖苦之言，有时会毁掉一个人的一生。赞美，必须发自真诚的内在，并且有事实的根据，才能感动人。

说了这么多，既然赞美有这么大的力量，那么，赞美有什么技巧呢？你可以参照以下几点。

1.赞美时表达关心

在赞美对方的工作成绩时，可以顺便让对方多注意身体，这样关心体贴的女性，自然会赢得更多人的喜欢。

2.赞美时给予鼓励

每个人都希望得到别人的支持和鼓励，来自女人的鼓励，可以让男人充满信心，也可以让女人坚强起来。所以，在赞美对方时，要加上一番鼓励。

3.多赞美小人物

小人物在取得成绩后，同样需要赞美和认同，如果你能把握好机会赞美他们一番，那么，你一定会征服更多小人物的心。

4.用间接的方法赞美对方

女人大多善于感性思维，如果你间接赞美对方，那么，你的赞美会更有效果。比如，“早就听人说你很帅，今日一见果然名不虚传。”“我曾在报纸上读过你的专访，你真了不起。”……这种借他人之口的赞美，充满了感性，不仅能达到赞美对方的目的，还会让对方感觉到你关注他很久了。

5.赞美要看对象

面对不同的对象要用不同的赞美方式：面对漂亮的女人，要赞美她们的衣着打扮；面对职场女性，不仅要赞美她们的外表，还要赞美她们的工作成绩；赞美男人一般要从他的智慧和能力下手，当然也可以赞美他的妻子和小孩。

6.赞美要有真实的情感体验

赞美要有发自内心的真情实感，这样的赞美才不会给人虚假和牵强的感觉。带有情感体验的赞美既能体现人际交往中的互动关系，又能表达出自己内心的美好感受，对方也能够感受你对他真诚的关怀！

一场没有喝彩的球赛，一台没有掌声的演出，该是如何的寡情败兴。而赞美不用花钱，又可以鼓舞人心，赢得友谊，所以，女人们把你的赞美说出口吧，把你的欣赏表达出来吧，这样的话，我们的生活就会更加五彩缤纷！

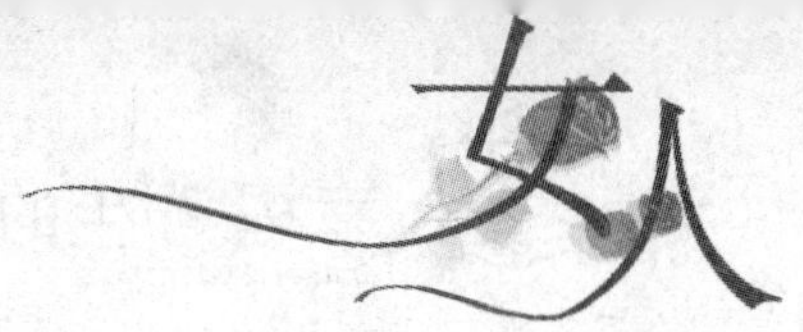

写给女人的心里话

人是渴望赞美的动物，每个人都喜欢听到别人对自己的赞美和肯定。女人的赞美会像阳光一样照亮别人的心灵，不仅可以愉悦对方，还能让对方奋发向上。所以，女人不要吝啬自己的赞美，把心中的赞美勇敢地说出口，生活就会更加精彩。

用“模糊语言”巧拒他人

生活中常常会遇到这样的情况：我们不愿回答又不得不面对的话题如敏感的尴尬的话题。一旦失言，就会被这些话题弄得不知所措甚至无法收场，如果你能巧妙周旋，一定会摆脱困境。运用模糊的语言回答法就是一种巧妙的摆脱方法，只要用得巧妙，就会给你带来意想不到的效果。

曾看到这么一个巧妙运用模糊语言的事例。

一个青年陪伴未婚妻和未婚妻的母亲在湖上划船。未婚妻的母亲有意试探小伙子：“如果我和女儿不小心一起落到水里，你打算先救谁呢？”这是一个两难选择的问题，回答先救哪一个都不妥当。那小伙子稍加思索后便回答：“我先救……未来的妈妈。”母女俩一听，脸上露出了满意的笑容。

“未来的妈妈”模棱两可，一语双关，使人皆大欢喜。表面上看，已经回答问题，事实上，等于没有回答，也没有给他人留下什么口实。

无独有偶，有这样一个小故事。

王安石的小儿子王元泽，小时候就很聪明，闻名遐迩。有一天，王安石的一伙朋友来做客，其中有一客人想考问王元泽，就把一头獐和一头鹿关在同一笼子里。指着笼子问王元泽："这两个哪头是獐？哪头是鹿？"当时王元泽只有6岁，而且獐和鹿长得极为相像，很难分辨，但是，王元泽小眼珠一转，马上回答："獐旁边是的那头是鹿，鹿的旁边哪头是獐。"

王元泽的回答等于没有回答，但其他人并不能说王元泽的回答就是错误的，反而还给他人留下机智的印象。这也是一个"巧用模糊语言"的典型事例。

模糊语言有非确定性，在语言表达的概念并没有明确的界限，可以通过模糊语言使非确定性在符合具体语境的基础上做适度的突出和强调。因此，在某些场合使用含糊性语言可以为我们化解很多难题，避免陷入尴尬和矛盾的境地。

雅兰是旅行社的一名导游，虽然刚刚参加工作一年，但她聪明、有心计，已经取得了不错的工作成绩。一次，她带着几十个人的团去巴厘岛，在即将到达旅游胜地的时候，客轮突然慢慢地停了下来。原来好事多磨，谁也没有料到，客轮出了点问题。团队成员见客轮迟迟不能起航，急于想到达旅游区的游客心情开始浮躁起来，围着雅兰，追问客轮何时能够起航，何时能够顺利地到达，有的则进行责问，更有的甚至开始"骂娘"。这时候，雅兰镇定自若，面带微笑，不停地向大家打招呼："请大家别急。客轮只是出了点小问题，不费事的，技术员们正在检查，一会就好，客轮马上就可以起航，马上就可以起航！为了大家的人身安全，请大家再耐心等待一会儿，再耐心等待一会儿！"她不断地重复着这些话，游客们的情绪终于慢慢平静下来。一小时后，客轮抢修完毕，又安全起航了。

雅兰面对游客们的盘问和指责时，没有急躁，也没有给出确切的答复，而是采用了一连串的"一会儿""马上"等含糊性回答。正是这一模糊语言的运用，使游客们中途平静地滞留了近一小时，巧用模糊语言抚慰了游客们不平静的心。假如，雅兰在没有把握的情况下，给出

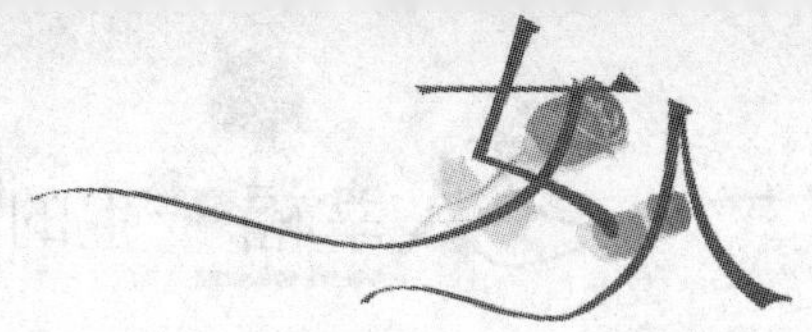

明确的答复，如“十分钟之后，就可以起航。”但是，如果十分钟之后，客轮仍然不能起航，就会把自己推向矛盾的境地，恐怕就难以控制游客们的情绪，后果也会十分严重。

美国超级市场的客户意见处理部门使用的也是类似的方法。据说每当主妇们为了品质或价格问题前来抱怨时，工作人员就用一般人很难听得到的专业语言，非常细心地予以说明。用抽象的专门语言，不断爬上“抽象的阶梯”，让客户感到迷迷糊糊，结果觉得店方的主张没有错，而无法与你“辩驳”。

可见，运用一些模棱两可的语言，可以为你化解不必要的麻烦。那么，一般在什么样的情况下适合使用含糊语言呢？

1.含糊面对说长道短的人

俗话说：“来言是非者，便是是非人。”习惯说长道短的人的心理，总是处在一种不平衡的状态，有很强的忌妒心，他们甚至把自己的快感建立在他人的痛苦之上，心里巴不得他人越来越倒霉，越来越困窘。所以，跟这样的人交谈，不宜过于坦诚，把自己所有的心里话都告诉他，对他所讲的别人的是非，也不要轻易赞同。当然，我们也不要得罪他，不能立即下逐客令，要求对方住口。在我们面前讲他人是非的人，在其他人面前自然也会讲我们自己的是非。对于这样的人，我们可以采用模糊的语言给予答复，和他巧妙地周旋。

2.含糊应对故意刁难的人

面对别人的当众刁难，你该怎么办呢？是针锋相对，还是巧妙应对呢？其实，我们可以用含糊的回答法，不仅可以堵住刁难者的嘴，还可以适当地保全自己。比如，因为工作中的失误，你被上司训了一顿，本来心情就不好，偏偏有人当众来刁难一番：“听说你工作不顺利，怎么样啊？”虽然你可能被气炸了肺，但表面上也不要生气，你可以这样含糊地说：“既然你已经知道了，我还有什么好说的。”刁难者自然会败下阵来。

3.含糊应对个人隐私

和别人谈话时，尽量不要涉及个人隐私，当被别人问及自己的隐私时，要含糊地巧妙应对。比如，总有一些人喜欢打听别人的秘密，比如“你月薪多少？”这时候，你可以含糊回答，“和你差不多。”面对这种喜欢探听别人隐私的好事者，千万不要“全抛一片心”，既要不冷落对方，又要很好地保护自己，便可以用模棱两可的话来回答对方。

写给女人的心里话

恰到好处地运用含糊语言，其实是一种能说会道的表现。在现实生活中，要分清场合，正确而又巧妙地去运用模糊语言，一来可以照顾到现实的需要，二来也可以不至于陷入无路可退的地步。

打人不打脸，说话不揭短

常言道：“成人之美，不送人之恶。”可以说，成人之美是美德，也是中华民族的优良传统。凡是成人之美的话，比如激励人心，善意地忠告等都是受人欢迎和尊重的。反之，在与人谈话中，拆别人台，揭别人短，那就注定要遭人唾骂，成为千夫所指的小人。

在职场上，有些时候我们和同事、领导之间难免有话要说。该怎么说话，什么话能说，什么话不能说，都有一定的讲究。因为说出去的话就好比泼出去的水，所谓“覆水难收”。因此，话到嘴边要仔细思量，切忌出口伤人，时时记住“打人不打脸，说话不揭短”的道理。

可以说，女人在职场上“说话”也是一种艺术。很多时候，有些人吃亏就是因为没能管住自己的嘴巴。

办公室里有一位叫张燕的文员，性格非常内向，不太喜欢说话。如果有人就某件事情征求她的意见时，她说出来的话总是很“刺”人，而

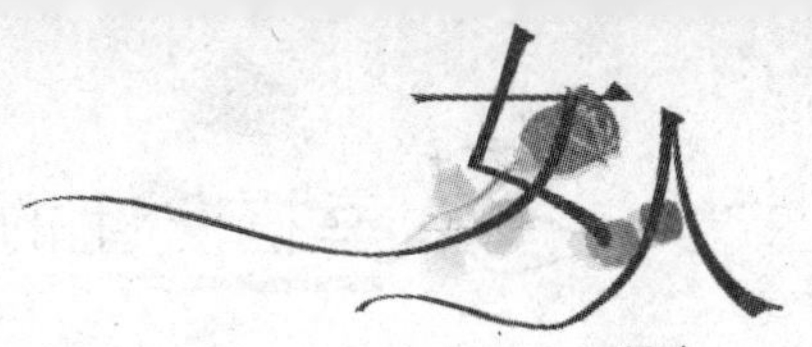

且她的话总是在揭别人的“短儿”。

有一次，一个同事穿了件新衣服，其他人都称赞漂亮合适，张燕却这样说：“只是一般，我觉得这种颜色你穿有点艳。还有你太胖了，穿起来有点儿紧。”

当事人听到这样的话自然很生气，而且其他大赞衣服怎样怎样好的人也很尴尬。也许该同事的确比较胖，但在众人面前却不能这样说，不能揭别人的短。虽然有时张燕会为自己说出的话不招人喜欢而后悔，但她仍旧说些让人接受不了的话。于是，同事们慢慢地把她排除在集体之外，不愿意和她说话了。

祸从口出，这一点也不假。张燕的话虽然比较“真实”，但却很伤人，结果只能是把自己孤立起来。其实，很多时候，我们都不能揭短，揭短不仅伤害了别人，对自己也没有什么好处。

在待人处世中，场面话谁都能说，但并不是谁都会说，一不小心，也许你就踏进了言语的“雷区”，触到了对方的隐私和痛处，犯了对方的忌，对听话者造成一定的伤害。

在某一次宴会上，某人向邻座的太太讲起了某校长的秘密，同时表现出对那位校长卑鄙行为的不满，并说了一堆攻击的话。

直到后来，那位太太才问他道：“先生，你认识我是谁吗？”

“很抱歉，我还没请教你贵姓。”他回答道。

“我是你说的那位校长的妻子！”

这位先生窘住了，但隔了一会，他却凛然地问道：“那么，你认识我吗？”

“不认识。”那位太太摇头作答。

“哦，还好，还好！”那人这才如释重负地说道。

这位先生随便揭别人的短处，结果，把场面弄得很尴尬，还可能给他带来十分不利的影响。

生活中有的人居心险恶，专揭人的伤疤，比如，挖苦有生理缺陷的人，喊他们瘸子、麻子、矮子等，往往使对方感到羞辱难堪。这些语言不仅不美，而且是缺乏道德的表现。

俗话说："良言一句三冬暖，恶语伤人六月寒。"其实，每个人都有所长，亦有所短，待人处世的成功，一个很重要的因素就是善于发现对方身上的优点，夸奖对方的长处，而不要抓住别人的隐私、痛处和缺点，大做文章。

人世间没有十全十美的人，每个人都有其长处，也难免有短处。在谈话当中，要尽量避免说别人的短处，否则不仅别人的尊严受到损害，同时也反映出你品德修养不够。

写给女人的心里话

常言道："金无足赤，人无完人。"人人都会有缺点，都会犯一些错误。所以，女人在与人交谈或共事时，最好不要揭别人的底或直指其错误，拆别人的台。与人说话尽量要做到委婉，使彼此之间相互了解、亲近，这样才是一个有涵养的女人。

背地莫论他人是与非

俗话说："三个女人一台戏。"的确，有些女人凑到一起总会说别人的一些闲话，这样的女人被称为"长舌妇"。很多人对这些嚼舌头的女人都面露鄙视之色，因此，"长舌妇"遭人唾弃是自热而然的事情。但窥探别人的隐私以及在人背后论是非是不少女人非常热衷的事情，这些是"长舌妇"心理的典型表现。

俗话说："宁在人前骂人，不在人后说人。"也就是说，发现别人的缺点后，你可以用委婉的方法当面指出，劝其改正。但如果你在背后

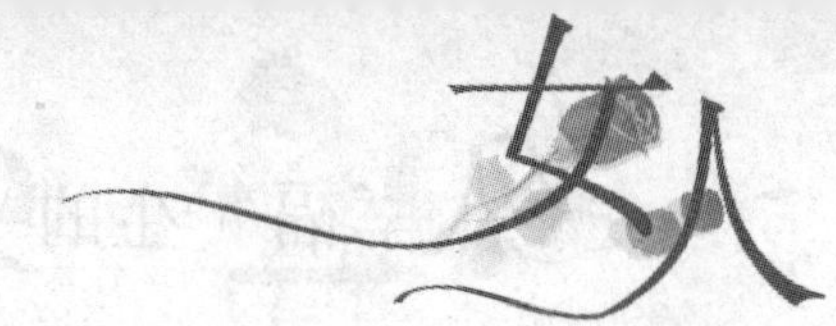

说个不停，不仅会让被说者感到气愤，也会让听者对你产生厌烦。

邓盈是一个性格十分开朗的女生，来到新单位没多久，就成了办公室里的“开心果”。一天她和同事下班回家，看见上司的车里坐了一个年轻漂亮的女孩。第二天邓盈就在办公室大声公布了她的新发现。两天以后，上司把她叫到办公室，告诫她以后在上班时间少说与工作没有关系的事。邓盈闷闷不乐地回到自己办公的地方，叫她伤心的是，没有一个人过来安慰她。后来，邓盈逐渐发现，其实办公室里除了她，别人几乎很少说与工作无关的话，更别说提及别人或自己的私事了。

邓盈犯了背后论他人是非的错误，结果只能是被上司批一顿，也给上司留下了非常不好的印象。

背地说他人是一种比较普遍的现象，俗话说“谁人背地不说人”，可是，老是背地说人长短却与心理问题有关。此类人的社交方式与早年的生活环境有关，这类人的性格特点是：抑郁、性格内向，对事物带来的消极后果有放大趋向，而且不容易将其消极体验及时宣泄和排解。“天生”猜疑、敏感、过分依赖别人等不健康的性格往往会形成人际交往障碍，不能与人为善，朋友关系不持久、不牢固。

“静坐常思己过，闲谈莫论人非。”这是做人的一种修养，也是女人应该具备的一种起码的素质。一个喜欢背地里说别人闲话的女人，是最俗气的女人。

有调查显示，朋友、亲戚等熟悉的人往往是自己议论得最多的人，而且很多是负面评价，但这不代表我们讨厌他们，只是因为彼此非常熟，潜意识中觉得危害较小。女性心理医生指出，戒除“长舌妇”心理可从以下四个方面做起。

1.减少好奇心

要学会用平常心对待自己遇到的各种小道消息，降低自己在这方面的好奇心，那么，你就会慢慢地对领导同事、邻里亲朋的小道消息失去了兴趣。

2.学会与人为善

心存仁爱的女人是善良的女人，在做人、做事方面，女人要学会与人为善，要自觉注意自己的行为举止，考虑一下自己的言行会给别人带来什么样的麻烦，要经常从别人的角度来考虑事情。

3.丰富业余爱好

如果女人有丰富的业余爱好，那么，就不会关注那些小道消息，也不会在背地说三道四了。

4.学会沉默

作为现代女性，要自尊自爱，勿以善小而不为，勿以恶小而为之。从提高自身的道德素质入手，自觉地抵制不良的风气。在许多的时候，需要女人保持沉默，因为沉默的女人才能避免祸从口出。

虽然说世界上没有十全十美的女人，你可以不漂亮，也可以没有气质，但如果你是一个“长舌妇”的话，那么，即使你漂亮、有气质，也不会讨人喜欢的。

写给女人的心里话

再美丽、再聪明的长舌妇也会遭人唾弃。因此，要想成为一个有气质的女性，就要千万注意，不可做一个长舌妇，不要陷入是非中。

把握好插话的分寸

在别人说话时，我们不能只听到一半或只听一句就装出自己明白的样子。我们提倡在听别人说话时，要不时做出反应，如附和几句“是的”等话语，这样既让说者知道你在听他说，又让他感觉你在尊重他，使他对你产生浓厚的兴趣。

在交谈中，对方说到关键的时刻，说完后，你若只看着对方而不说

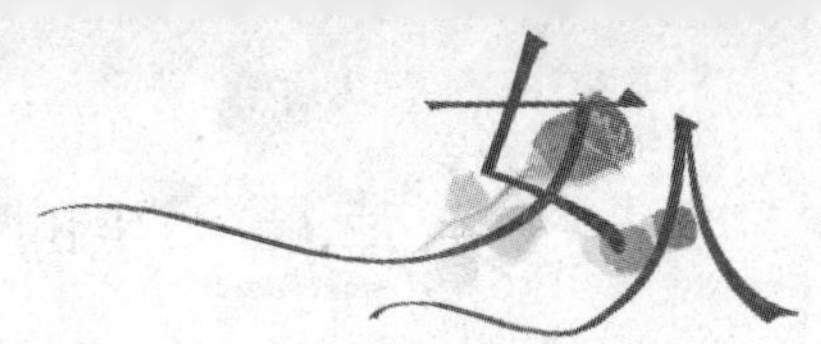

话，对方会感到很尴尬，他会以为没有说清楚而继续说下去。所以，一些人总喜欢插话，不过插话需要把握好分寸。

但是，一些女人过分相信自己的理解和判断能力，往往不等别人把话说完就中途插嘴，这种急躁的态度很容易造成损失，不仅弄错了问话意图，中途打断对方，还有失礼貌。

还有不少女人在倾听别人说话时表现出唯唯诺诺的样子，好像什么都听进去了，可等到别人说完，她却又问道："很抱歉，你刚才说什么？"这种态度，对说话者有失礼节。

一个会说话的女人，在听朋友说话时，要懂得把握插话的分寸和时机。在别人说话的时候，你盯着对方一言不发不好，不停地打断对方插话也不好。正确的做法是在适当的时候做出恰当的反应。

在与朋友相处的时候，把握好插话的时机非常重要。即使你真的没听懂或听漏了一两句，也千万别在对方说话途中突然提出问题，必须等到他把话说完，再提出："很抱歉！刚才中间有一两句你说的是……吗？"因为听人说话，务必有始有终。

很多女人总是以为，大家都是朋友，说话不用顾忌那么多，事实并不是这样。当你与朋友说话的时候也要懂得倾听，懂得把握插话时的分寸。

1.要选好"插缝"

只有瞄准靶心，才能打好靶；只有选好"插缝"，才能插好话。如果没有"插缝"硬要往里插，那就会给人一种生硬之感，不会带来好的效果。比如，在开会时，有些领导不大注意选择插话的时机，只要觉得自己有话可说就憋不住了，就不分先后地往外倒。这样，他讲出的话对唱主角戏的人并没有起到很好的配合作用，反而造成了某些"冲击"，影响了会议效果。所以，女人在插话的时候，一定要注意选择好时机，选好"插缝"。

2.要插在点子上

插话一般都是对讲话的补充，因此，插话要插在点子上，有一定的分量。如果是可插可不插那就最好别插，因为你要插一杠子，讲不到点子上，那就会引起听众的反感。所以，插话要插在点子上，对主讲者没有讲够、讲透、讲深、讲细的内容补充说明，只有在这种前提下“插几句”才能奏效。千万注意：插话不能东一扫帚西一耙子，或是“乱点鸳鸯谱”，讲得语不达意、层次模糊，让人听不明白，最好能够幽默一点，流畅自然，富有感染力。

3.插话不要太啰唆、冗长

插话应以短见长的，抓住重点，三言两语，言简意赅，讲完即收。可是有些女人总把握不住这一点，她们尊口一开就合不住，总爱把话头扯得老远。这样喧宾夺主，会让主讲者处于难堪境地，与会者也会感到很厌烦。所以，插话应以“短、平、快”见长，只有插得干练精短，才会收到应有的效果。

写给女人的心里话

一个会说话的女人，在听朋友说话时，要懂得把握插话的分寸和时机。要选好“插缝”，把话插在点子上，插话千万不能东一扫帚西一耙子，或乱点鸳鸯谱。另外，插话应以“短、平、快”见长，不要太啰唆、冗长。

得体的幽默能取悦人心

幽默是人际关系的润滑剂和心灵的调味品，它既可以舒缓紧张的气氛，还可以营造出一种更快乐更和谐的氛围。一个女人，如果她温柔又善于交际，一定会受到众人的欢迎。如果她同时具备幽默的气质，那么可称得上是“极品女人”了。

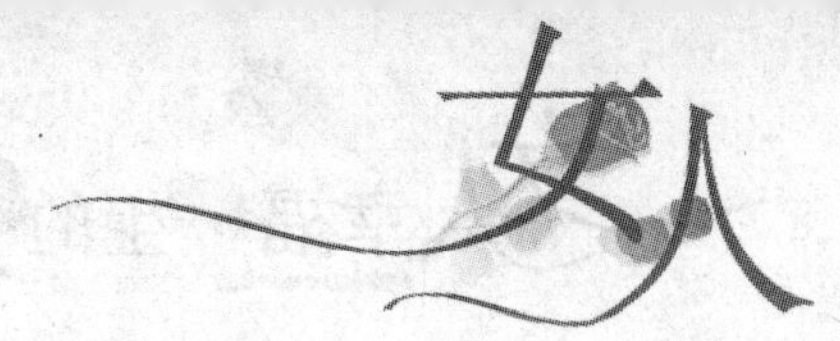

风趣幽默的语言往往能产生“四两拨千斤”的力量，达到举重若轻、一言九鼎的交际效果。女人在与人交往过程中，当看穿了别人的想法但又不便直说时，不妨神色自若地使用一下幽默，一定能取得意想不到的效果。所以，幽默是女人成功社交的捷径，幽默是女人的一种能博得好感、赢得友谊的好方法。

一个女人无论从事什么工作，无论处在什么样的地位，都要不可避免地与人交往。幽默不仅能帮女性更好地与他人进行有效的沟通和交往，还能帮助她们处理一些特殊的人际关系问题，让她们摆脱困境。

有一次，一位女钢琴家在美国迈阿密州的福林特城演奏，结果发现到场的观众不到五成。这让她既失望，又尴尬。但她并未因此就取消演奏，而是以幽默的语言打破了僵局。女钢琴家微笑着走上舞台，对前来的观众说：“我想这个城市的人一定很有钱，因为我看到你们每个人都买了两三张票。”话音一落，大厅里立即充满了笑声。

这位女钢琴家虽然对空座位的原因的解释很荒诞，但却奇妙无比，结果，由幽默产生的喜悦压倒了因观众少而产生的沮丧。所以，有时候，荒诞一些，幽默意味也就会强一些。事实上，当交流陷入尴尬的境地时，一些幽默技巧的运用，可以让人摆脱尴尬，甚至还会给对方以回敬，这就是幽默的超级效用。

不过，幽默属于乐观的女人，消极悲观的人，是笑不起来的。只有心胸坦荡、超越了得与失的乐观之人，才能笑口常开，妙语常在。幽默的女人之所以语言风趣，是因为她们永远都秉持一种豁达开朗的态度。

一次，有一个女翻译与士兵们一起开庆功会，在与一个士兵碰杯时，那个士兵由于过于紧张，举杯时用力过猛，竟将一杯酒泼到了女翻译的头上。士兵当时吓坏了，可女翻译却用手擦擦头顶的酒笑着说：“小伙子，你以为用酒能滋养我的头发吗？我可没听说过这个偏方呀！”说得大家哈哈大笑，这令这个士兵对女翻译充满了感激和崇拜。

幽默的女人，说出话来虽让人感到如憨似傻，却因心境豁达，反而令人感受到她厚实的天性和无穷的智慧。善于使用幽默的女人,她们常常能将窘迫的情境化为乌有。

有一个女议员发表演讲,在大家都侧耳倾听时,突然座中有一个听众的椅子腿折断了,这个听众顺势就跌落在地面。此时,听众的注意力马上就分散了,女议员见状急中生智,紧接着椅子腿的折断声大声说道:“诸位,现在都相信我所说的理由足以压倒一切异议声了吧?”话音一落,底下立即响起了一阵笑声,随后,就是热烈的掌声。

常言道:“笑一笑,十年少。”这句话说明在人的生活中,那种令人逗笑的幽默语言能缓解当今社会那种环境瞬间变化,速度效率急剧加快给人造成的莫名的心理压力和焦虑,使人的心情变得轻松愉快,谈笑风生,笑口常开。所以,具有幽默感的人能给人一个良好的印象,同时,幽默感是文明和睿智的体现。

幽默是一种良好的修养,一种充满魅力的交际口才技巧。得体的幽默能制造宽松和谐的交谈气氛,能改善人际关系或摆脱困境,实现完美人生。

作家王蒙说过:“幽默是一种酸、甜、苦、咸、辣混合的味道。它的味道似乎没有痛苦和狂欢强烈。但应该比痛苦和狂欢更耐嚼。”所以,如果有了幽默当调味品,女人的生活会更有味道。

一个幽默的女人,一定也是一个热爱生活的女人,她会用笑声去感受生活,化解生活中的一切问题。这样的女人必然自信和优雅,更加富有魅力。

写给女人的心里话

生活并不都是沉重的,女人需要有一颗细腻的心,在身边寻找快乐因素。不论在任何时候,任何场合,幽默都能帮助善于与人交流的女人打开人与人沟通的大门。只要你稍微留意一下,生活中到处都可以发现许多不易为人察觉的幽默。所以,女人一定要学会幽默,给生活增添一抹亮丽的色彩。

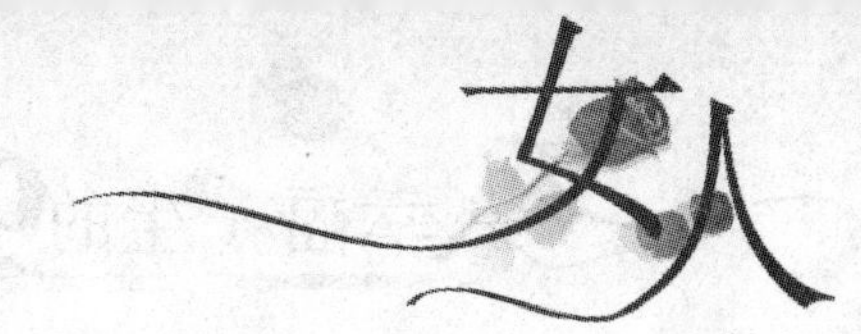

用动听的声音给自己加分

许多女孩都认为，女人吸引别人主要是靠形象和性格两个方面，但她们却忽视了另外一点:声音。

声音向来有奇妙又神奇的力量，尤其对女人而言，简直就是裸露的灵魂。我们往往有这样的经历，同样的话，从不同女人的口中说出，效果可能大不一样。因为她们说话时的声音、语调等不同，所以说话时的感情自然不一样。

在生活中，有的女人体态优美，但一发声，男人就想跑。相反，一个声音好听的女人，很容易被周围的人接受，即使她很幼稚，别人也会说她纯洁。

有时候，男女相爱也起源于声音，女人温柔的声音能征服男人，而越有阳刚气的男人也越能被温柔的女声吸引。

赵明是一位在外企工作的男士，他和女朋友是通过朋友介绍认识的，见面前通过好几次电话。在电话中，女孩的声音给他留下了很好的印象，但见面后，女孩的外表让他有些失望。他这样对朋友说:“女孩的形象比我想象中的要差一些，我本有些犹豫，但她的声音却把我深深地迷住了。”赵明的条件比较好，有不少的女孩子看上了他，没想到，他却被这个女孩子的声音给迷住了。通过几个月的交往，这对恋人已经亲密无间了。

可见，女人动听的声音对男人有强大的吸引力，女人可以通过动听的声音给自己加分。尤其在社交场合中，如果一位女性拥有良好的举止仪态，说话的声音也很甜美，那就会更加增添她的女性气质，使她的语言充满感染力。

许多人说声音是天生的，没有办法改变。其实不然，女人的声音是可以训练的，就跟女人的形体一样。

女播音员的声音都很美，但她们大多数也是训练的结果。其实，女人大都能训练出最美的声音，以下几个训练技巧可供参考。

1.变换音调

如果你在和别人讲话时始终保持同一个音调，就会使听的人昏昏欲睡，打不起精神，自然也就达不到讲话的目的。即使内容再精彩也不会引人注意。所以，作为女人，在说话的时候，尝试着适当变换音调！时轻时重，时缓时急，在不同情况下，面对不同人时，运用不同的音调！

2.口齿要清楚

和别人交流时，口齿要清楚，不要有太多的尾音，每个音节之间要有恰当的停顿。声音太大了会让人反感，音量太小会使人听着费劲。一般要根据听者的远近，适当控制自已的音量。

3.注意说话语气

有的女性说话尖声尖气，让人感觉很不成熟。这样的女性要尽量放低声调，改用低缓的语调；有的女性说话声音过于呆板和机械，这样的女性说话时要融入自已的感情。

4.语速要适当

说话速度要追求一种有快有慢的音乐感。可以放慢速度强调一些主要词句，在一般内容上稍微加快变化。在不同声音段里，要有高潮、有舒缓、有喜忧，才能引人入胜，扣人心弦。

写给女人的心里话

一个声音好听的女人，很容易被周围的人接受。如果你还没有一副甜美的嗓音，那就马上开始训练和改变吧，让动听的声音为你增加魅力。

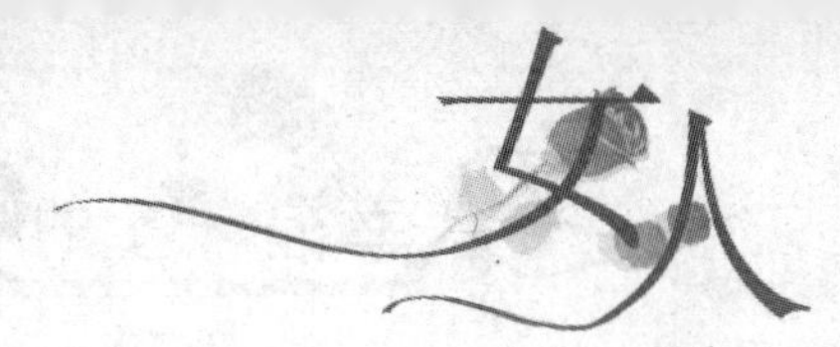

善用“女色”当资本

任何女人都具有天生的女性魅力，那就是“女色”，这里指的是甜美的笑容、得体的装扮、娇嫩的嗓音、温柔的气质……需要注意的是，这里说的“女色”不是“美色”。

现代女性不应该板着脸孔维护“男女授受不亲”的古训，反而应该善用“女色”，与男同事和平相处，在自己的周围营造一种和谐的工作气氛，并在这种气氛中，凭借自身的实力和才干，用女性的魅力包装自己，慢慢地往上爬，以寻求出人头地的机会。不过，女性千万不要只做空“花瓶”，用美色迷惑男人，什么成绩都没有，光凭色相获得高薪。

职场中的女人想要打下一片江山，必须表现得比男性精彩，才能出人头地。因此，女人若要闯出一片天，学识和能力固然重要，人际关系和人格魅力则更加重要。你必须擅长言词，有说服力，能激励人，能准确读懂别人的心思，让人开开心心地替你做事。

“女色”是一种迷人的气质和个性魅力，充分施展你的交际能力和人格魅力，能让别人支持并热情洋溢地帮助你成功。善用“女色”的女人自立自信，精明豁达，干脆利落，能让女人在追求事业的时候受益良多。那么，这样展现这种动人的“女色”呢？

1.把自己装扮耀眼一些

你的工作表现很好，但上司一点儿都不注意你，这就需要你争取上司的支持，以及上司的上司对你的注意。如果你的上司、上司的上司都是男性，要吸引他们的注意力，除了具备扎实的专业知识和出色的工作能力之外，合适而性感的穿着，绝对是引人注目的法宝。一件能充分显示线条美的裙子，或是略显性感的短裙套装，加上摇曳生姿的高跟鞋、浓淡相宜的妆容，都会让你既有女人味，又不失端庄。不过，需要注意的是，你的目的是要你的上司、你的男同事、你的客户欣赏你的穿着品位，喜欢你，并认真看待你的工作能力，而不是要他们把你当做性感尤物，或是产生性幻想。

2.善用温柔幽默的话语

女人娇媚和温柔的特质，在面对冲突时是最好的润滑剂。当你和办公室的男士意见不统一时，应该保持风度，维持笑容，气定神闲，甚至可以摆出一副低姿态来有效化解僵局。此外，女人应当注意培养自己的幽默感，因为在适当时机加入适度的幽默，也有利于化解僵局。大部分男人都是吃软不吃硬的，当你摆出愿意妥协的姿态时，他往往会先被你所软化，妥协得比你更彻底。

3.与异性建立友谊

让男同事注意你，甚至喜欢你，绝对好处多多。当他们和你成为朋友时，你在工作上的各种困难就会有人帮你解决。不过，不要有事没事就和男人打情骂俏，而是要保持幽默感，脸上时时带着笑容，让男同事欣赏你的魅力。

4.适时赞美鼓励

男人喜欢被女人赞美和崇拜，如果当你觉得某位男同事表现突出时，大方地说出你对他的肯定和赞美，就会给对方极大的激励和勇气，也容易突破对方的防线，赢得对方的友谊，让男人更有自信心，更乐意奉献和付出。

5.学会控制眼泪和情绪

许多男人对职业女性的看法是，她们不懂得控制自己的眼泪和情绪。在一个以男性为中心的职场上，女人要建立个人的工作风格，就要学会控制眼泪和情绪。女人过于直接地表达情感，会使男人感到不舒服，并会瞧不起她们，认为女人无法自我管理，控制不好自己的情绪，因而所做的决定是不值得信任的。

女人要在适当的时候、适当的男性面前运用“泪弹”，含泪欲滴，低声哭诉，或许更能博取同情，达到自己的目的！女人要学会控制情绪

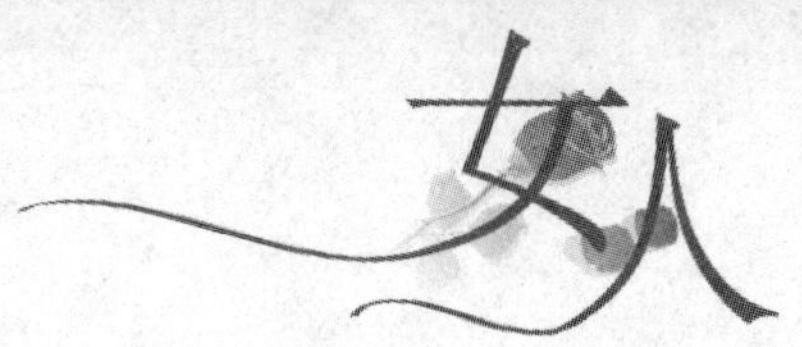

和眼泪，勇敢面对失败和压力，只有这样，才能赢得男人的尊敬和同事的认可，为自己赢得一片天地。

写给女人的心里话

“女色”是女人的资本，善用“女色”的人自立自信，精明豁达，干脆利落，能让女人在追求事业的时候受益良多。但绝对不能用“美色”来迷惑男人，凭色相获得高薪。千万不要把“女色”和“美色”相混淆，否则就会弄巧成拙。

第四个忠告 小心恋爱陷阱，别被男人“闪”了腰

爱情的原则究竟是什么？它只是一个简单的公式：我 + 你≠我们。“我们”不是两个个体的简单相加，而是互相融洽。爱情如同一场华丽的双人舞，是进是退，是快是慢，是旋转还是驻留，全在于两人的协同和配合。女人要想让自己的爱情永远保持热度和新鲜感，就要多了解对方的喜好，并且好好运用自身的法宝。只要运用得当，就能把男人的心牢牢地套住，获得长久甜美的爱情。女人一定要记住：单方面的付出最终也不会留住男人的心，应该和真正爱你的人结婚。因为只有真正爱你的男人，才会宠你疼你，让你一生幸福。

不要因为寂寞而恋爱

相信很多人都有过寂寞的时候，那么寂寞的滋味是什么？有人说寂寞也是一种享受，而我却实在不敢认同。生活中，谁不害怕寂寞？偶尔的清静也许是一种享受，但谁又能受得了长期的寂寞呢？有人说，如果你害怕寂寞，就去恋爱吧。的确，爱情可以让你远离寂寞，但爱情不是随随便便就会产生的。

在网络中，我们可以随时地说出爱，说出感觉。网络爱情能维持多久？我曾经问过朋友，他给我的回答是那么的贴切。保质期最多三个月。因为过了三个月，如果还在一起，是因为彼此没找到更好的，所以无法离开。是因为彼此的习惯，习惯了彼此的陪伴，而不想再去寂寞地一个人生活。

寂寞中的女人总是脆弱的，所以，女人在寂寞的时候，对待爱情一定要慎重。别因寂寞而爱上谁，因为那样会伤害了两个人。女人首先要知道自己要什么，面对爱情，要抱有宁缺毋滥的态度，不要因为寂寞而轻易爱上一个男人。

刘冰冰已经三十了，眼看自己的青春一天天老去，却还没有真正恋爱过，于是恋爱情结越来越深，希望早日遇见自己生命中的另一半。

这时，刘冰冰恰巧遇到一个叫刘恒的男人，这个男人虽然比较平庸，但开始疯狂地追求各方面都优于自己的刘冰冰。正在被寂寞煎熬的冰冰答应了刘恒，二人在相识两个月后便同居了。

本以为找到了自己的另一半，爱情可以改变自己的寂寞，谁知道，冰冰更孤独了。因为两人性格差异很大，学历、家庭背景、社会经历也有不可调和的差异。不久，二人的矛盾频发，半年后，二人就开始冷战。这段恋情就这样画上了句号。

如果你现在正备受寂寞的煎熬，可以试着做下面的事情，来缓解你寂寞的心。

1.看电影

无所事事的你可以选择看电影，用别人的故事完善自己的人生。你可以被周星驰逗得笑破肚子，被幽灵吓得抱紧枕头，之后，你就会油然而生对美好的渴望，对残缺的宽容和体谅，由此更加热爱生活。

2.逛街

当一个女人没人可爱没人爱她，当她满怀的柔情无处释放时，她会把目光投向那些美衣华服、饰品香水，它们对女人有一种神奇的抚慰身心的作用。如果你正在寂寞，就去逛街吧，当你双手拎满大大小小的购物袋在大街上行走，便会在众人的目光中获得一种满足感。

3.健身

女人最怕的是衰老，与其嗟叹寂寞，不如去运动。在跑步、打网球、游泳、健美操、跆拳道里选择一种适合你的运动，用挥洒的汗水排除郁积心中的苦闷。再说，健身还能让女人保持身材，正所谓愈运动愈美丽，何乐而不为呢？

4.美容

天生丽质的美女毕竟还是少数，尽可能地把自己打扮得美丽才更为重要。所以，有叹息人老珠黄的时间，不如花多一些精力爱惜自己，对自己好一点儿。毕竟，女人可以不美，但不可以不爱自己。

5.聊天

每个人都有倾诉的欲望，找朋友知己聊天固然不错，和陌生人谈东道西也甚是痛快，起码你不必担心他因此出卖你，轻视你，你可以畅所欲言。聊天的好处就是这样，给你一个听众，给你一个分担，让你从寂寞中摆脱出来。

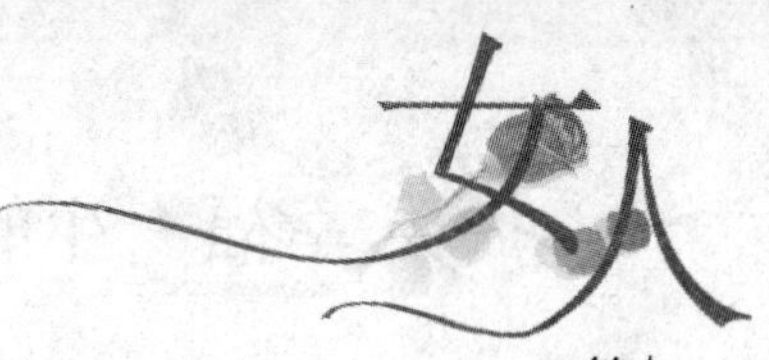

6.睡觉

睡觉可以放松你紧张的神经，减缓压力，补充身心能量，是人之所以生机勃勃的动力。所以，如果你能倒床便睡，寂寞时最可靠的办法就是干脆盖上大被，睡他个昏天黑地。醒来后神清气爽，你会觉得什么问题都解决了。

7.旅行

许多的美景在路上等待我们欣赏，寂寞的你何不抚慰一下自己，背起行囊走出去，看看峨眉山的秀青城山的幽，吹吹海风听听海浪，大口呼吸着新鲜的空气，渐渐想起一些美好的事，让一切重新开始。

8.改变自己

人或多或少对自己有点不满意，所以想要改变，可能是发型的变动，可能是服饰风格的转变，也可能是观念、生活方式上的变化。寂寞时，可以试着改变自己，因为改变总会带来意料之外的东西，足以与寂寞抗衡。

写给女人的心里话

爱情对女人的意义太重大了，很多时候，一旦爱上了再想全身而退就不那么容易了。而寂寞女人的错爱，很可能会终身遗憾。所以，女人千万不要因为寂寞而恋爱，更不要因为寂寞而轻易爱上一个男人。明智的女人不会被一时的寂寞冲昏了头脑，更不会轻易爱上一个人的，要趁自己年轻好好善待自己，武装自己，总有一天，美好的爱情会降临在你身上。

如何让优秀的男人爱上你

每个女人都有自己的梦中情人，但看到镜子中的自己相貌平平，身材一般，便灰心丧气了，认为自己这辈子与优秀的男人无缘了。其实，不是这样的，虽然你不怎么漂亮，但也不会永远只配坐冷板凳。

看惯了爱情电视剧和言情小说的小女生，总以为在恋爱中女生须矜持、被动，才能彰显魅力。遇到喜欢的男生，就低头害羞地跑开。其实，生活不是过家家，在竞争激烈的社会里，假如真有好男人存在，大家都得竞争上岗。

但话又说回来了，美女们从来不需要主动去做什么，男人的眼光就已经在她们身上打转，她们需要学习的是如何在众多的优秀追求者中取舍。而相貌和身材一般的我们，当身边出现了一个心仪的男人，他的目光往往不在我们身上停留。这时，就需要我们主动发起攻击了，只有敢于进攻才能为自己争取一丝机会。

女人们想要抓住一个男人的心，一定要有你不同于其他女人的本事，否则，凭什么让对方为你倾心呢？如果你还没有吸引男人的特质也没关系。想让一个优秀的男人爱上你，下面的几点建议可以借鉴一下。

1.狠命打扮自己

不管男人有多高的学历、多显赫的身家，喜欢美女都是他们恒久不变的劣根性。所以，不要想什么只要缘分到了，他自然会爱上我之类的傻话，打扮自己，是女人必须做的事。必要的时候，就算去整容都没什么丢人。

2.对生活充满热情

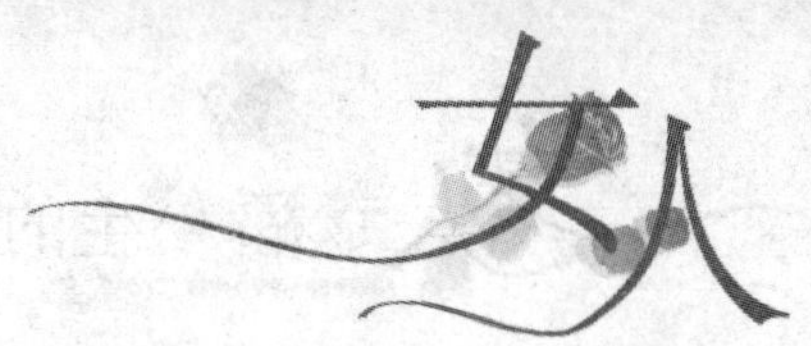

你现在已经从一名相貌平平的女子，变成了颇有姿色的中等美女。光有外表的美，这还不够，接下来，你还要成为一个对生活有热情的女子。因为热爱生活的女人，从不放弃任何尽情享乐的机会，男人感染到这股热情后，会觉得很轻松，不必做个戴着假面具的正人君子，自然会给予你狂热的回报。

3.对男人投其所好

懂得投其所好的女人，通常都有敏锐的观察力，她们不仅能细心地发现，而且会不动声色地满足他。男人都喜欢温婉多情、善解人意的女人。所以只要用上这一招，离成功的日子也就不远了。

4.大胆出击

面对犹豫不决的男人，最简单的方法就是大胆出击。女人要如手握渔叉的渔夫一样眼疾手快，毫不手软。有些男人会马上就范，心里暗喜你替他们做出了决定。但也会有弊端，那就是当你采用这种方式时，也会吓跑另一些男人。

5.用性感"引诱"他

长发、短裙，香槟酒和迷醉的眼神最能迷倒男人，没有一个男人面对性感的诱惑无动于衷。当然，这种调情需要自然而微妙的技巧，否则会被视为低俗。

6.巧妙运用智商

这种方式对那些容貌尚可、智商尤佳的女性非常适合。男人普遍认为，智力型美女的美丽如同醇酒——相伴时间越长，魅力越是持久。在生活中，男人很难享受和那些只会咯咯傻笑的女人的谈话，而愿意和一个既漂亮又有趣的女人到任何地方。

7.发挥弱点的作用

曾经有一位女性在她心仪已久的优秀男人面前故意摔倒，划破了膝盖，然后得到了他热心的帮助，这位女性还被邀请单独吃晚餐，最终两人走到了一起。可见，有时候无助的女人可以激起男人保护她的本能和他的雄性激素，但这跟那些要性感、要性格的女人非常不同。男人很容易被诱惑，不过，千万不要滥用"迷路的小女孩"的伎俩，因为那些行色匆匆的男人会认为这非常讨厌。

写给女人的心里话

为什么同样是女人，有些女人会成为男人眼中的香饽饽，而有些女人却要坐冷板凳呢？这就需要女人们注意如何吸引男人的注意力了。其实，吸引男人也是门技术活，靠三言两语是说不清的，需要女性们在实践中多体会。

做一个不能用钱就能摆平的女孩

当一个女人在现实中感到无力的时候，就会选择一个有钱的男人来摆脱危机，过一段“寄生虫”一样的生活。这种把爱情寄托在金钱上的行为是不可取的，因为金钱是财富，爱情也一样。

对于现代女性来说，一方面，爱情是每个女人的归宿，那是她们希望一辈子都能拥有的；另一方面，她们也渴望拥有更多的金钱。结果，有的女人从一开始就混淆了金钱与爱情的概念，她们用金钱去衡量爱情，甚至用金钱去换取感情，结果失去爱情。

我有一个很有钱的朋友，但她在感情上却很不怎么顺利，朋友交一个失败一个，总是找不到合适自己的另一半。最近，她又失恋了，她告诉我，她非常非常爱那个男人，她给那个男人买车，出钱和他去度假，以为他会更加爱她，但她错了，那个男人是个骗子。她不但失去了这个男人，也失去了自己大半的积蓄。

可见，感情是需要用心灵来经营的，如果让金钱来插足，感情势必不平衡，甚至被人利用。这是一个很现实的社会，无论是爱情还是生

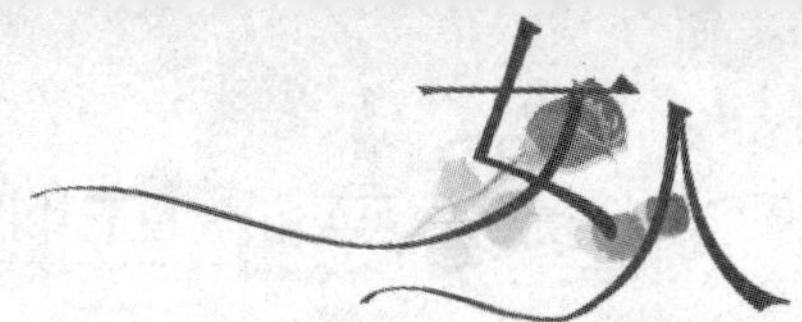

活，都与金钱不可分割。对于一个涉世未深的女人来说，也许爱情比金钱更重要，因为她们相信，有了爱情就有了一切，幸福的生活是两个人携手创造出来的。对于一个涉世颇深的女人来说，金钱的分量要远远高于爱情。当然，涉世颇深的女人如果很有钱，她看中的并不是这个男人有没有钱，主要是看这个男人是爱自己还是爱自己的钱，或者是不是能拿的出手。这部分女人需要的并不是金钱了，而是需要一个可以停靠的港湾。但爱情和金钱有时候就如同鱼和熊掌一样，总是不能兼得。

在现实生活总有很多人一方面羡慕那些富裕的夫妻，另一方面却坚信他们迟早会分开。当然，实际上也有那样的夫妇，但是，认为婚姻破裂全是经济原因的想法，无疑是一种偏见。如果抛开这些偏见，女孩们又会嘟着嘴说："如果能够同时得到金钱和爱情当然好了。谁不知道这样更好呢？就是现实不允许，所以大家都这样生活嘛！"如果同时得到金钱和爱情是不可能的事情，那么，怎么会有那么多的女人嫁给好男人，正过着幸福美满的生活呢？

其实，每个女孩子都梦想通过嫁个有钱人来过上锦衣玉食、呼风唤雨的日子。但是，如果你仅仅为了过上奢侈的日子就选择嫁给有钱人，你就等于用一堆钞票换走了自己一生的幸福。

女人，你既然喜欢金钱，喜欢过时尚的生活，穿时尚的华服，抹时尚的口红，为什么不想通过自己的劳动去实现呢？为什么总死死盘算着男人的口袋，是不是缺乏自信还有自尊呢？现在的男人早已不是傻瓜，个个见多识广身经百战，他会想，我千辛万苦赚来的豪宅奔驰，凭什么一夜之间让你享受，你能为我提供什么价值？男人也会找相应价值的女人，这里有一个公平交换的原则。

但恋爱中的女人们总是在爱情中寻找安全感，什么是安全感？难道有房、有车就安全了吗？危机总是伴随着金钱而来，一旦在感情中掺杂金钱，麻烦也就离我们不远了。拥有爱情的女人应该把感情寄托在相互的尊重理解和爱护上。爱情的世界中，金钱的价值不及月光下的一朵花，细雨中的一把伞，或者握在手中的一颗糖。

曾看到过这么一个事例：

娜娜决定把未婚夫介绍给大家认识。她的未婚夫看起来很不错，两个人也很相配，相对而言，娜娜更爱她的未婚夫。不过，后来才听说，未婚夫的经济条件并不理想，没有多少积蓄，只是拿着一般待遇的公司职员。平时一直说绝不嫁给穷人的娜娜，现在让朋友们都很吃惊。

大家问娜娜为什么愿意嫁给他，她说："第一次见面的时候就有好感，但当时觉得对方还不是一个可以考虑结婚的对象。但是，经过几次接触，我发现他比我想象中的条件还要好。虽然家里不是很有钱，但父母的养老基金却已经准备好了，而且他的经济观念也比别人好。一次，吃完一顿高级晚餐后，我们路过一个加油站加油。付钱的时候，他拿出了一张信用卡，这种卡虽然没有很多人使用，但实际上是一张折扣最高的外商信用卡。想想高级的晚餐和这张信用卡……这个人真是一个懂得用钱的人。虽然没有多少存款，但是也有几项投资。他没有很大的欲望，从头开始认真了解行情，慎重地买下债券，还是获利很高的债券呢。算算这些投资组合，估计到我们结婚之前，差不多可以赚下买一间房子的钱呢。和这个人结婚的话，十年后差不多就能轻松过好日子了。"

听了娜娜的解释之后，朋友们都张大了嘴巴。

所以，感情就像黄金一样，纯度越高价值越大，金钱不但不能成为感情的支柱，相反还会成为感情轰然倒塌的致命伤。

女人应该对自己说：金钱不是我唯一的追求，我有太多的财富和金钱无关。我有朋友、有阳光、有知识、有健康，这些财富会编织成一张无穷无尽的大网，为女人们撑起一片幸福的天空。记住：上天给你关上一扇门就必然为你打开一扇窗，所以，不要以为没有钱就没有一切。只要把我们握紧的拳头放开，就会发现手掌中的空间是无限大的，而我们的选择也是多种多样。

女人在选择嫁谁的时候，一定要确定双方是否彼此真心相爱，而不能仅仅因为他有钱，所以嫁给他。在面对金钱和爱情的两难选择

时，千万不要弃爱情而选金钱。

写给女人的心里话

女人应该知道，金钱不是唯一的追求。有时，当女人离金钱最近的时候离爱情最远，离爱情最远的女人是不幸的女人。身为女人应该保留一些含蓄，不要让男人一眼就看到你的底，做一个不能用钱就能摆平的人才是女人们应该追求的。

爱情是一曲双人舞

一位好久不见的高中同学，告诉我，她现在正在进行第N次恋爱，却觉得和他之间缺少情侣间动人的默契。她很委屈地说："我爱吃的，他偏偏不爱吃；我希望他这样，他偏偏那样；他从不迁就我，吵起架来比我还凶，根本不懂忍让。我觉得这样做女朋友真的很没面子。"

相信很多女孩子都有过这样的感受。其实，爱情不能是单方面的执著或委曲求全，而应该是双方共同努力的结果。这一点，正是所有幸福女人的共识。

幸福的女人知道：爱情不是一个人的表演，在爱情中委曲求全不仅无法延续爱情的生命，反而会让爱人和自己越行越远。

爱情如同一场华丽的双人舞，是进是退，是快是慢，是该旋转，还是驻留，全在于两人的协同和配合。如果你跳着跳着发现舞台上只有你自己了，可能是你把他给挤下去了。你可以不计一切地付出但是你不知道他是不是要，毫无计较的付出很让人感动，但是要在确定他需要的时候再付出。

其实，两个人达成默契的方式有很多种。一种是两人舞步相同，姿态相似，彼此同心，跳得如同一人，但这并不是爱情的最高境界。因为跳这样的舞，你不能随心所欲，即兴发挥，而必须遵守规则，不能松懈。另一种舞步是两人舞步不同，姿态不一，但节奏一致，有内在的和谐。跳舞的人根据自己对音乐的理解，身随心起，步随意发，跳到高潮时，两人的舞姿高低相错，相得益彰。和谐的爱是两个人都有足够的能力照顾自己的人生，两个人在一起的时候更能增添额外的火花，产生那些独自一人不能获得的快乐。

也许，你会说求同存异才是爱情的最高境界，但有时候你却未必能做到求同存异。爱情的原则究竟是什么？它只是一个简单的公式：我＋你≠我们。这意味着我加你可能等于我与你或你与我，可能等于一半的我、一半的你，或许1/3的我加2/3的你。但是无论哪一种都不是“我们”，因为“我们”不是两个个体的简单互加，而是互相融洽。

我在网上曾看到一个女孩这样痛诉：

我和男友交往了三年多了，也准备结婚了，但这三年来他从来没有对我说过“我爱你”，无论我明示暗示，他就是不说，让我很怀疑他是否真的爱我。前一阵子我总算知道他邮箱的密码，但那密码竟然是他初恋女友的生日，我问他为什么不改，他说懒，但我不相信他说的。三年了，他开了无数的邮箱，连改个密码都不可以吗？三年了，我总觉得我对他的了解不够，我有什么事都会对他说，可他从来不让我走进他的心里。他从来没有对我说过要拍婚纱照、看婚纱，连求婚都没有过，我一直对他说你连求婚都没有，我是不会嫁给你的，他除了沉默还是沉默。甚至连戒指也是在我的强烈要求下去买的，在买的时候他连意见都没有提出过。

他有许多缺点，我让他改，可说了那么长时间，他从来没改过，我觉得我对他已经失去信心了，我认为如果他是真的爱我的话，他会认真地去对待我对他说的每一句话。我不知道我在他心里的地位是什么，他也不说，问他也不说，有一次，我问他，我对你而言，是不是只有做你的床伴，他又是沉默。我现在很迷惘，不知道以后我该怎么做。

爱情不需要委曲求全，女人也不要委屈自己，委曲求全的结果只能是让你分文不值。感情的困惑，感情的抉择其实都不是简单的事，很多时候没有对错好坏的分别。情感是两个人的事，能发展到什么地步，是与两个人的互动息息相关的。如果撇开双方的感受，构想得再甜蜜，或是想象得再困难，终究只是一场接近暗恋的独角戏。

与一个人相遇、相爱、结婚，最终有了孩子，这一系列的事情虽然只是一个人一生中的一部分，但它的重要性却绝不仅止于此。从小到大，人们一天天变得成熟，在看似平淡的每一天里，其实都在为幸福做着准备。不过，爱情是男人的一部分，却是女人的全部，这恐怕是身在爱中的女人最大的悲哀了。

和谐的爱情是一场双人舞；不和谐的爱情，则是一场寂寞的舞蹈。无论一个人舞动得多么华丽，还是不能完美落幕；不和谐的婚姻，像一出舞台上的戏剧，不管两个人如何投入，终究失去了真实。而我们所追求的一直是和谐的爱情和婚姻，我们想与心爱的人一起翩翩起舞，幸福一生。

恋人只是一个自己一生中共同生活的有缘人。你可以爱一个人，但不能依赖他。无论何时何地，能依赖的始终是自己，能改变的也始终是自己。女人一定要保持清醒的头脑，因为单方面的付出最终也不会留住男人的心。

写给女人的心里话

爱情如同一场华丽的双人舞，是进是退，是快是慢，是该旋转，还是驻留，全在于两人的协同和配合。女人一定要记住：单方面的付出最终也不会留住男人的心。

“套牢”男人心的五大法宝

人们一直都认为爱情是世界上最朦胧，最具诗意的概念，焕发着不可抗拒的生命力。

它就像一潭毒水，很多人明知道有毒，刻意地想逃避，可它总是让我们手足无措。曾经，无数次告诫自己不能拥有爱情，可我仍然义无反顾地追求着。

男人们常说：女人心，海底针，抓不着，摸不透。可男人心呢？女人如何让男人对自己死心塌地呢？女人要讲究策略、细心经营才能获得长久甜美的爱情。

小娜是一个很漂亮的女孩子，虽然和男友相恋一年多了，但她总猜不透男友心里到底在想什么，感觉抓不住男友的心。这种感觉让小娜没有一点安全感，每天都害怕失去男友，活得很累很累。胡思乱想的小娜把自己逼到了精神崩溃的边缘。结果，男友最终还是离开了她，小娜很伤心，因为她真的很爱自己的男友。

人们常说：漂亮的女人，容易获得爱情；而有智慧的女人，懂得保存爱情。是的，女人不可能永远青春，漂亮总会随着时间的流逝慢慢离你而去。所以，只有智慧的女人才能留住爱情，并让爱情永远保鲜，从而才能一生幸福。

女人要懂得掌握喜怒哀乐的情绪发挥，知道适时地生活中加入酸甜苦辣的调味品，让爱情愈陈愈香。其实，每个女人身上都有五大法宝，只要运用得当，就能把男人的心牢牢地套住。

1.眼泪

眼泪，是女人制服男人的武器，任何一个男人在女人的眼泪面前

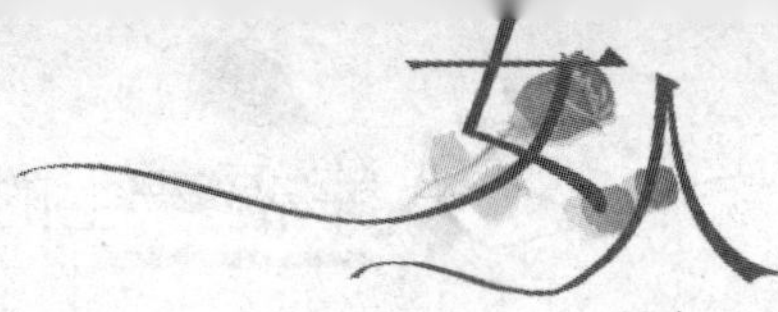

都会妥协。但是，女人不要动不动就落泪，过多的眼泪，不但无法引起怜爱，反而使男人对你的哭泣有"免疫力"。

当两人闹意见闹得不可开交时，与其硬碰硬，倒不如适时运用你最有力的武器——眼泪。

眼泪是用来表达忧伤或愤怒，不是用来凸显你的任性与跋扈。过多的眼泪只会成为男人的负担，然后把他吓傻，甚至吓跑。所以，哭泣也要讲求技巧。号啕大哭，既表面又肤浅；抑声啜泣，较能引发男人的疼惜；强颜欢笑的凄美，最叫男人心动。把脸转开，任由泪水滑落，故作坚强的柔弱，尤其令男人心疼不忍。

2.忌妒

一个不懂忌妒的女人，令人乏味。适时而恰到好处的忌妒，可以证明你对他的爱与重视，满足男人的虚荣，让他享受一下被女人宠爱的滋味。忌妒，让他有被爱的感觉；猜疑，则会使对方感到被束缚，不被信任。因此，你可以理直气壮地要求他不准偷看女人或与其他女人调笑，但别太疑神疑鬼，任何一点风吹草动，就以为对方要变心走私，这种过度的猜疑，只会把彼此的爱无情地扼杀掉。

3.撒娇赖皮

女人的撒娇能让男人窒息，没有一个男人可以抗拒女人的撒娇。不管你年纪多大，有时撒娇任性，赖皮一下，可以增加感情的"蜜"度。爱人的对话，总免不了肉麻，甚至近乎痴呆，不过，听在当事人的耳里，可是字字甜人心坎，句句叫人销魂。

4.吵架

俗话说：打是亲骂是爱，不打不亲不相爱。夫妻之间发生争执或口角在所难免，有时候，吵架更能增加彼此的了解。但需要注意的是，发怒吵架，要对事，而且收放自如，该闹则闹，该停则止，见好即收，绝不恋"战"。吵架要给自己留下台阶，给对方留条后路，否则，一不小心吵翻脸了，对你可只有坏处。还有，千万也别当众争吵，让他觉得有损面子和男人尊严。更不要，批评他的家世、价格或学历等无法改变的特质，以免因逞口舌之快而扼杀了爱情。记住，女人要泼辣，但不要太辣，因为泼妇骂街歇斯底里，只会破坏你在他心中的形象和地位。所以，女人即使发怒，也要想办法充满美感。

5.若即若离

男人就像风筝一样，拉得太紧容易扯断，所以，女人要懂得忽松忽紧地抓住男人，跟男人的距离也要永远保持若即若离。有时给他绑上一条绳子，让他学会牵挂，有时，给他一些空间，任他放牛吃草。大多时信任他，但偶尔也要对他的话投下“不信任票”。因为过分放纵男人，就如同平原纵马易放难收，男人可能会忘了回来。

写给女人的心里话

女人要想让自己的爱情永远保持热度和新鲜感，就要多了解对方的喜好，并且好好运用自身的法宝。只要运用得当，就能把男人的心牢牢地套住，获得长久甜美的爱情，一生幸福。

离杀伤力极大的“老男人”远一点

这个优胜劣汰的竞争时代让许多女孩感到太累，甚至不愿意长大，而且女人天生不像男人那样具备战斗性，更倾向于找个保护伞，安安全全地过养尊处优的优雅生活。总有一些小女孩说自己喜欢老男人，因为“老男人”对她们有一种无法抗拒的诱惑。

1.老男人成熟中带有稳健

这种发自身心的魅力不是小青年可以比拟的，还有，他们不会像那个性急的男孩一样因为你的迟到而在路灯下跟你吵架，他也不会把自己在公司里不开心的情绪带给你。你可以在他面前任性、撒娇，

他宽容大度，充分满足你的恋父情结。他显得很幽默，很有知识，谈人生的时候，那声表示“一言难尽”的叹息让想象力丰富的小女孩怦然心动。

2.老男人总是或多或少有些资产

老男人给小女生买买漂亮衣服，上上环境幽雅的餐厅总是没问题的。一个有年轻情人的老男人说：“女孩子喜欢开车兜风，我有车；女孩子喜欢到国外旅游，我出钱让她去；那些小男生最多送一支玫瑰花，她当然跟我在一起更开心。”

3.老男人懂得指导年轻女孩如何生活、工作、学习

因为这正是当初他们所经历的，所以指导往往奏效，于是年轻女孩们会觉得，在他们身边一切都很有保障，生活会过得很安全。事实上，年龄并不是直接衡量成熟的标准。

4.老男人在现实中可以充当不同的角色

在不同的时候他们可以是小女孩的兄长，也可以是小女孩子的情人，单凭这点，许多女孩子已经会对其形成依赖。比较身边的小男孩，在真正遇到问题时，出来解决的总是这些大哥。

总之，老男人无可比拟的魅力总是深深地吸引着女孩们，越来越多的女孩钟情于“老男人”的行列中。其实，这些不谙世事的女孩们哪里是那些老男人的对手。

心理学上说，你最渴望的就是你最需要的，可现实生活中最需要的渴望往往不能带给你幸福，反倒把你引向更大的失落和失望。这就是为什么爱上老男人的女孩更容易受伤的原因。

米是公司中很靓的女孩，她的上司吴比她大11岁，米和他合作得不错，有时候米也天真地问他爱情是什么，吴就说两人在一起感觉不错，就像咱俩一样，米有点疑惑地看着吴，她知道吴喜欢上她了。当米没有确定是真的喜欢时，她是很轻松的，而吴明明确确地告诉米时，米却当真了，她开始发现自己越来越喜欢吴，他的成熟自信，是与米同龄的人不能相比的。可是吴有太太。米被这样成熟的男人吸引，尽管她从一开始就知道这是一段毫无结果的感情历程，但她只在乎一

时的拥有。直到吴的妻子闹到公司来，而吴又怕妻子不安，米才开始清醒地看待自己的情感，选择了不辞而别。

饱经风霜的男人阅历丰富，这些杀伤力极强的老男人看上去很美，但却近不得。因为他们大多有家有口，拖儿带女。他家里的老婆非常好，他们一起携手创业，一起白手起家、相濡以沫，爱情少了但亲情浓了。再说，他们的孩子是多么可爱懂事，见你面时礼貌地叫你姐姐，他钱包里时时放着全家福的照片……

年轻女孩的第一反应就是：能跟这样的男人在一起是前世修来的福分，怎么能去破坏他的美满家庭？于是狠心把一切幻想都消灭掉，心甘情愿地做他的地下情人。如果你没有这种心理承受能力，最好还是离这些老男人远一点！

当然，客观地讲，一个年轻女孩和一个老男人生活未必就不幸福，但前提是必须有爱。如果对方对你付出真爱，而你却处处以自我为中心，你们的关系就会发生冲突和裂变。

喜欢老男人这种浪漫的情怀本身不是坏事，但梦总有醒来的时刻，与其后悔过去，不如面对现在，珍惜自己，只有离杀伤力极大的“老男人”远一点，找个年龄相当的小男生，一起去打拼未来吧，你才会拥有幸福生活，十几年后你们也会成为令人称羡的一对。

写给女人的心里话

饱经风霜的男人阅历丰富，这些杀伤力极强的老男人看上去很美，但却近不得。女人不要图一时享受，而投入到老男人的怀抱中，只有离杀伤力极大的“老男人”远一点，才会拥有幸福生活。

和真正爱你的人结婚

有人总说：我要找一个自己很爱很爱的人才会谈恋爱。但如果问：怎样才算很爱很爱？你也许无法回答，因为你自己也许也没有答案！也有人总说：为什么自己就碰不到一个真心对自己好的人。那么怎样才算对你好？也许某个人正在关心你、呵护你，而你却不以为然，甚至是不在乎，不愿伸出你的手或是靠近那么一点点，你又如何感受得到那份真心！

我们总以为会找到一个自己很爱很爱的人，找到一个能对自己特别关心又体贴的人。可是由于自己的固执、天真，害怕受到伤害，害怕终究会因为失去而变成一个过客，却失去了很多机会。其实，某些感觉是要一起经历才会发现的，某些乐趣是要在相互的交往中才能感受得到的，不迈出那一步你又如何能深入地了解他！所以，女人在寻找幸福的同时，也要学会接纳。

每一个想要走进婚姻殿堂的女人，都希望自己的婚姻幸福和快乐。虽然每个女人都梦想找到一个既爱自己，自己又爱的人，但这和中彩票一样，能获大奖的毕竟是少数。如果你没有中奖，不是幸运儿，在婚姻的十字路口，选一个真正爱自己的人结婚才是明智之举。

雅茹经过千挑万选，嫁了一个她爱的男人，本以为会很幸福，可结果却让她很伤心。这个男人虽然嘴上也说爱她，但行动上却没有一点表示，既不关心、体贴她，也不哄她开心。无奈，雅茹认为这是命中注定，是自己上辈子欠他的。

雅茹在怀孕 8 个月时，生病了，又吐又拉，而且肚子很疼。本来 7 点就张罗着去医院，可她老公磨磨蹭蹭，折腾到 8 点才上了去医院的车。

回到家后，雅茹躺在床上，一动也不想动，可她老公却说，自己不会做饭，而且他爸一会儿也要过来吃饭，很明显就是要雅茹做饭。这个男人一点也不心疼正在生病的妻子，实在可恶。

而且，雅茹做饭时，他也不帮把手，反而站在一边挑毛病，这也不对，那也不对。雅茹伤透了心。

雅茹说："那个深爱自己的前男友就不会让生病的自己做这做那，他是一个很懂事的男人，总是把家里里外外收拾得干净利落，生怕自己干活受累。我现在后悔了，可世上没有卖后悔药的。如果还有下辈子，我一定嫁一个爱我的男人。"

其实，在每一个女人的身边，都有一个真正爱你的男人。所以请女人们仔细看看身边的人吧，如果有个人爱上了你，一直在关注你，默默地为你付出，你认为他不算很差，那么请敞开你的心扉，尝试着了解一下他吧。不要让他等得太久，不要等到错过了身边合适的人才后悔自己当初不懂得珍惜！

女人要切记：只有这个真正爱你的男人，才会宠你疼你。一个深爱你的男人会为你而改变。因为爱你，他收起他的顽固脾气；因为爱你，他会无怨无悔地为你付出。

人生的花圃，不一定要有满园的玫瑰，才会色彩缤纷，处处飘香。合适你的人，才是你要的人。如果你真的要结婚，就请拽住一个真正爱你的人的手臂。当然，如果和你并肩进入殿堂的是一位你爱而且爱你的男人，那我就要为你庆幸了。

请珍惜你身边默默爱你的人吧。或许，有一天当他真的离开了，你会发现，离不开彼此的，是你，不是他。

写给女人的心里话

在每一个女人的身边，都有一个真正爱你的男人。但能否拥有一段幸福的婚姻，不是凡尘女子能掌握的；想要避免婚姻带来的伤害，是任何一个女人都可以轻易就做到的事。那就是：和真正爱你的人结婚。因为只有真正爱你的男人，才会宠你疼你，让你一生幸福。

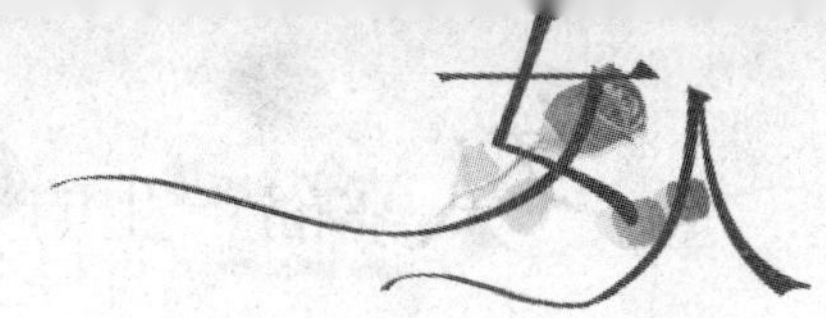

用笑容送别走远的爱情

对任何人来说，失恋都是一杯难咽的苦酒，尤其对于感情细腻的女性来说，那种烙在灵魂深处的痛可能会伴随她整个生命的旅程。有人说，女人之所以在失恋中如此痛苦，是因为在感情中付出太多，回不了头。其实，为了抵御失恋的痛苦，年轻的你建立科学的态度至关重要。

一位著名冰球运动员告诉我们："人在跌倒和爬起中成长。"身体的成熟尚且要经历如此的艰难，可以想象，心理上的成熟更需要痛苦的洗礼和磨炼。所以，女人们要记住：伤痕对过程中的你不是失落，它是我们每个人走向成年的庆典。

佛说：五百次的回眸才换来今生的擦肩而过。可以一秒钟遇到一个人，一分钟认识一个人，一个小时喜欢上一个人，一天时间爱上一个人，但是却要用一辈子去忘记一个人。所以，如果前世的五百次回眸才换来今生的擦肩而过，那想来已经是很幸福了。因为，擦肩而过也是一种很深的缘分。

爱不一定要永远。曾经拥有的也许会是你一生最美好的回忆。因为爱过，所以不会成为敌人；因为伤过，所以不会成为朋友；只能是最熟悉的陌生人。爱过才知情重，醉过才知酒浓。关于爱的记忆，应该好好收藏，只是今后的幸福，要各自去寻找。

在网上看到这么一个关于"失恋"的故事。

玟是一个网迷，颇有男孩性格的她在网上却恋得一派柔情。从未谈过恋爱的玟在网上迷失了，她几乎每天都要和她固定的网友黑子聊一会，什么都聊。玟白天去单位上班，晚上上网，整个心思全在网上。黑子和玟聊,也似乎说过有某种不曾有过的感觉,也说过玟是他唯一的网友,黑子每天露脸,终于给玟更深的了解机会:玟顺利进入他的电子信箱。当玟兴奋地东张西望时,她发现了一个让她震动的电子邮件,同样的思念、同样的感受是一个叫慧的女孩发送来的。玟像被刺似的,迅速地逃离了黑子的邮箱,甚至很快关掉电脑,她不希望这是真的。这时候,玟的电话响了,是黑子,他想跟她再聊聊,想见见她。原来黑子和玟住在一个城市。

那个温柔的夜晚,玟忍不住地抱住了黑子,开始了她的初恋,但爱情并不像玟想象得那么令人激动,黑子似乎有点木。玟终于问了“她”的事,黑子说认识她比认识玟早,看得出黑子很在意“她”。见过一面的黑子,从此再也没有在网上露面,而玟却天天在等着黑子的邮件,网上的初恋让她难以忘怀,她痴情地盼着黑子的出现。但黑子却再也没有露面,玟知道,黑子一定是和那个叫慧的女孩子在一起了。玟的初恋就这样结束了,但那颗受伤的心却一直在滴血。

一度迷茫伤心的玟终于开始“变坏”,她到处与网友聊天,甚至还与他们相约,玟变得无所谓,她无所顾忌地过着网上生活,暗地里却伤透了心。

有些女人信奉“没有爱情宁可死去”的信条,来维护她对爱情的忠贞,所以在失恋时常常难以自拔,甚至一些女孩还采取“自杀”的方式来挽留变心的伴侣。

其实,失恋只不过是人生中的一个经历而已。它绝对是丰富人生阅历的精彩篇章,随着时间的流逝,一定能迎来另一片安宁。但很多时候女孩会被这样的伤害伤透心,身在其中难以自拔。

失恋不要紧,要紧的是搞清楚失恋的原因,如果你白白失恋了一场到头来自己都不知道为什么,不但你不好再走下一步,过往的痛苦还会让你变得更加悲观和失落。所以,女人很有必要搞清楚这是为什么,因为很多时候,心理的压力不是来自于对方的背叛,而是来自于事情的暧昧。如果能对一切了如指掌,人就不会无端地痛苦;然而,如果你在对方变化的情况下还浑然不知,那种痛苦与其说失恋,倒不如

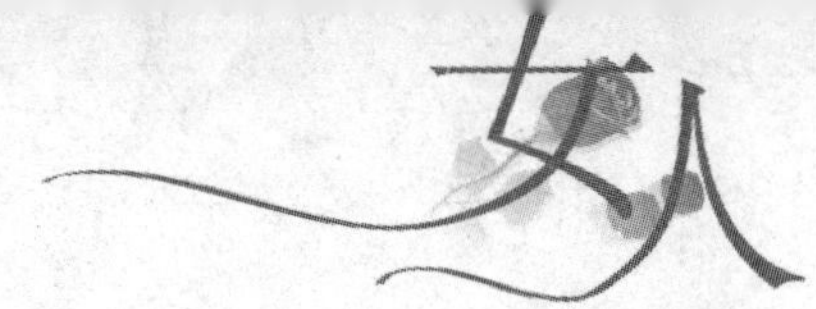

说是你消极的自我暗示夸大悲伤的结果。

当他不爱你的时候，无论他过去是否爱过或是后来忘了，又或者是从未爱过，但你在无法成为他心中的那个人的时候，他的心便不会记得你；当他不爱你的时候，你的爱便是他的负担，请不要去计算自己的付出，不要希望有什么回报；当他不爱你的时候，也一定要祝福他，有爱的日子里是快乐的，有缘在一起也是快乐的，有了爱便不该有恨，因为曾经有爱。

失恋不可怕，关键是要从失恋中跳出来或远距离地看它才能品出人生的滋味。放手是对生活的一种豁达大度，抓不住了，就放手吧。勉强抓住只能使手中的水晶破碎，只能让自己痛苦。明白的人懂得放弃，真情的人懂得牺牲，幸福的人懂得超脱。对不爱自己的人，最需要的是理解、放弃和祝福。过多地自作多情是在祈求对方的施舍。爱与被爱，都是让人幸福的事情，不要让这些变成痛苦。

美丽的方式有若干种，在爱情走远的时候，女人仍然可以用笑容来送别，这种美丽才是永远的美丽。失去了爱情，你还有友情；没有了恋人，你还有朋友。你没有必要为已经失去的东西而痛苦，更没有必要已经为不爱你的人而憔悴。

失恋的女人不要慌张，其实这是让你坚强，让你丰富的一个好机会，等岁月流逝，你会发现这只是一段情感历程。它让你懂得了生活中更多的东西，它们远远比失恋更重要，比失恋更让人珍惜，那就是踏踏实实完善自己，做一个真正快乐、幸福的女人。

写给女人的心里话

失恋只不过是人生中的一个经历而已，当爱情的脚步已经走远，何不从容面对，用笑来为曾经的美好送别。过多地自作多情是在祈求对方的施舍，只会换来更多的伤心，聪明的女人会给别人留下爱的空间，也好让自己有时间去爱另外一个值得爱的人。

第五个忠告 合理使用金钱，别忘投资自己

随着社会的发展变化，“婚后靠老公，老来靠子女”的观念显然已经不合时宜。一个女人拥有自己的事业，才能享受经济上的独立。不管在什么时候，经济独立是女人享受幸福生活的前提和保障。你不理财，财不理你，只有你先理财，然后财才会理你。许多事实证明，女人用自己的能力赚钱，并用心打理，更容易获得幸福的生活。当你懂得正确理财后，才有条件成为一位真正懂得享乐生活的“幸福财女”。

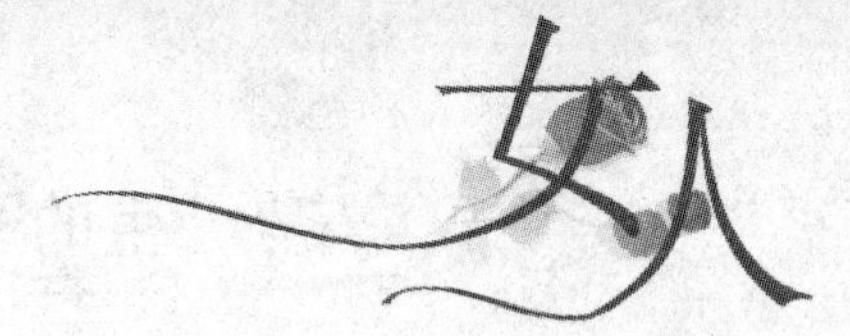

幸福的女人要学会理财

理财是每一个现代女人必须要学会的一种技能。不会理财，你的口袋就会“空空如也”，学会理财，才会让你“家财殷实”。而有钱后的女性有更多的机会享受自己想要的幸福生活。

20岁的你，也许正在憧憬着属于自己的温馨甜蜜的小窝；30岁的你，也许正经营自己蒸蒸日上的事业；40岁的你，也许已经从容淡定宠辱不惊。但是，无论身在何时，我们都无法不面对一个现实，那就是随时随地要花钱，所以，女人要想给自己一个美丽自信的微笑就要为自己积累一笔财富。

既然金钱对于女人如此重要，女人们就应该明白一个道理：女人一定要有钱，钱不仅要靠自己努力去赚取，而且还要靠自己用心去打理。可见，女人一定要学会理财，并坚持理财，因为理财是女人一生都需要经营的一个大事业。

女人懂得理财，人生就由自己掌控，女人一定要有钱。女人不但要学会爱别人，更要学会爱自己，自己都不爱自己，怎么能让别人关爱自己呢。女人有钱，不光是为了追求享乐，而是要找回自己，而是为了有能力爱自己，也有能力爱别人。懂得理财拥有财富就可以不必当金钱的奴隶，绝对不能为了金钱而不择手段。

聪明的女人不一定很幸福，但幸福的女人大多很聪明。女人不但要有钱，还要非常富有，因为只有金钱却没有幸福的女人，人生不够精彩绝伦。一位具有财务智商的财女，不但要懂得赚钱，还要懂得理财，学会投资，更要懂得为自己的幸福规划出“一生富裕”的计划，这样的女人，才会不虚此生。

那么，如何来制订一个适合自己的理财计划呢？理财专家指出要从以下三个方面来考虑。

1.衡量一下自己的经济实力

在制订理财计划前，一定要搞明白自己的经济实力如何，不弄清这个问题，就无法制订出合理的理财计划。计算一下自己每个月赚多少钱，除了花销还能剩多少，然后，根据这个数目选择合适的理财工具。

2.改变现在的理财行为

如果现在的理财方法不能让你得到更多的实惠，一定要快刀斩乱麻，再找一个可以赚更多钱的理财工具。

3.制订详细的理财计划

在执行过程中，如果离你预先的财务目标越来越近，说明你的理财计划很有效。反之则无效。所以，在制订个人理财计划时，一定要尽可能地将目标细化，这样才有机会逐一实现目标。在制订好理财计划后，你可以根据自己的实际情况来选择最适合的理财工具来打理钱财。

总之，不管你是已婚，还是未婚，都不要让自己处在任何不幸之中。要让自己当一个懂得宠爱自己、聪明工作、享乐生活的财女，因为女人的智慧就是命运的征服者。

女人的美丽人生，不是由男人或婚姻来决定的，女人不要习惯于“发生了什么事情决定了你的未来”，而是要勇于“你做了什么事情，改变了你的未来”。幸福是需要付出努力和代价的，当你开始懂得爱惜自己、聪明工作、正确理财之后，你才有条件成为一位真正懂得享乐生活的“幸福财女”。

投资理财是一门深奥的学问，绝对值得女人用一生的时间去刻苦钻研。如果你还是一个“理财盲”，那么，从现在就开始积极学习和领悟其中的道理吧。

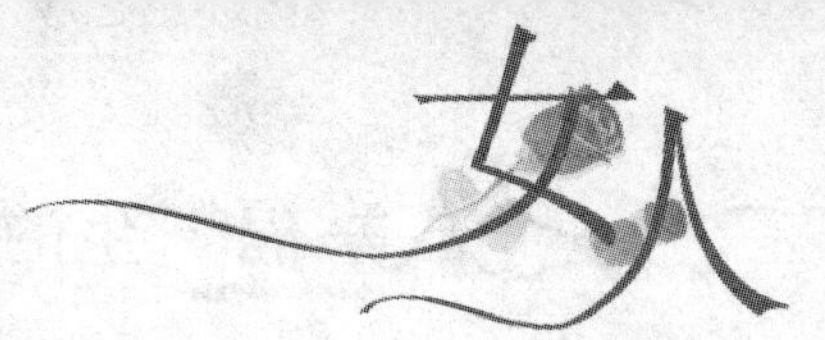

写给女人的心里话

你不理财，财不理你，只有你先理财，然后财才会理你。许多事实证明，女人用自己的能力赚钱，并用心打理，更容易获得幸福的生活。当你懂得正确理财后，才有条件成为一位真正懂得享乐生活的“幸福财女”。

时尚女性要会花钱还要会管钱

在“男主外，女主内”的传统观念下，大多数中国女性在家庭理财中扮演着重要的角色。有调查显示，在理财人群中，以家庭为单位的理财行为占到了 90%，而在家庭理财中，68%的女性掌握着家庭财政大权。现在的女性大都活跃在职场，社会角色日趋重要。无论是上班一族还是事业有成的女性，除了经济要有自主权外，对于个人理财和家庭理财更需要熟练地掌握理财知识和技巧。

人们常说，女人如花，但花总有凋谢的那一天。然而，会理财的女人如同一朵永不凋零的花朵，妩媚动人，一生注定因为理财而变得更美丽、更幸福，也会让自己和家人都可以享受到更加优雅、从容的生活。

如果女人每天用简短的时间记录下当天的花费，这样一个月下来再看记账单时，保证吓一跳，平日的零星花费加在一起竟然那么多！你可以在网上下载一个记账软件，做一张月收入支出表，每个月先固定预存一笔钱不动，余下的钱再按轻重缓急细分开支，慢慢就能学会应该怎么花钱才不影响生活品质。所以，时尚女性要会花钱还要会管钱，制订一套“用钱”计划非常重要。

在开始理财之前，女性朋友要先建立正确的理财观念，摒弃保守的旧观念。据调查，女性最常使用的投资工具是储蓄和保险。从这一投资习性可以看出，女性注重资金的安全感，不过通货膨胀却可以随时将你的利息吃掉。

现代女性在投资时应该学会利用多元化分散风险，将投资放在不同的区域。如今，有较多的金融工具可以运用，金融产品层出不穷。女性要理财，一定要多收集各方面的理财信息。看清产品说明书，了解产品的投资方向、风险及其变现性，再依个人所能承担的风险程度，配合自己或家庭对中长期的资金需求，做出妥善的投资计划。

不同年龄女性的理财重点不同：如果是刚进入社会工作的上班族，可以先规划每个月可存下的金额，利用银行零存整取或者基金定投的方式来累积财富。积累起来的资金可考虑投资于证券市场，如果希望比较稳健的投资，基金是个不错的选择。如果是已婚并有孩子的女性，稳健投资为第一原则，然后同时兼顾自己的退休金储备和子女教育金的储备，这一时期应保证资金的流动性及保障性。如果是即将退休或已经退休的女性，不应该再进行高风险的投资，应该改投银行低风险的理财产品或货币市场基金等。

女性相对于男性是比较感性的群体，因此从事任何投资前，一定要先看清是否适合自己，千万不可因为别人的选择而做出决定，并要对自己的需求及期望达到的目的有一个全面的考虑，逐渐建立经营理财的习惯和观念。

1.理财的起点是攒钱

花出去的钱就是流出去的水，只有留在自己兜里的钱才是你的财富。要想攒好钱，就要养成量入为出的习惯。因为过度的消费会使你无财可理。怎么去攒钱呢？方法有很多种，最简单的就是用你的工资卡做基金或者保险的定额定投，每个月定时定额地扣取一定费用，既能起到攒钱的效果，又能起到保障的效果。

2.理财的重点是钱生钱

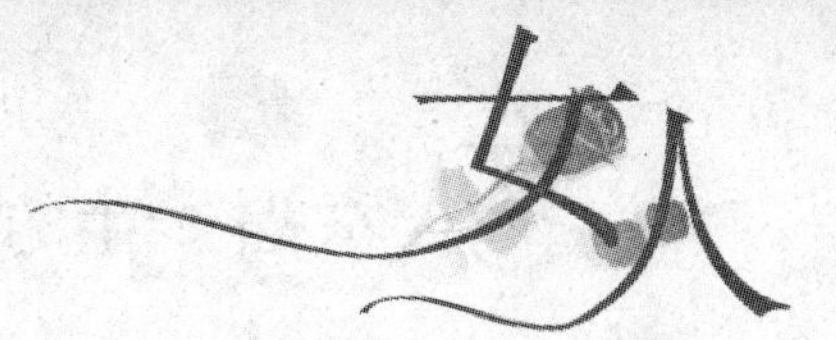

只会攒钱是不够的，还要学会投资，要让钱生钱，生钱才是理财的重点。但是，任何投资都是有风险的，所以在投资之前先做个投资风险承受能力测试，看看自己是属于保守型、平衡型还是激进型的理财性格，然后再选取自己能够承受的产品投资组合。比如保守型理财性格可选择定期存款、货币基金、国债、实物黄金、普通银行理财产品等；平衡型理财性格可以高风险和低风险产品各 50%配置，做到风险最低化，收益最大化；激进型理财性格可以考虑股票基金比例偏重 60%~70%，其他产品 30%~40%投资计划，在承担高风险的同时，力求高收益。当然，无论选择哪种理财方式，都要根据自身所能承担的风险程度，做出合理的投资配置。

3.保险保障是根本

据统计数据显示，我国女性的平均寿命一般比男性长 5 岁至 8 岁，而女性退休年龄又比男性早 5 年。若从养老角度考虑，更长的生命周期意味着女性在养老和医疗方面有更多的风险。而女性无论在职场还是生活中，一切都需要健康的身体和积极的心态做保障。所以，在理财规划中，保险的部分是不可缺少的，在关键时刻往往能起到“以小搏大”的作用，可以通过社保养老金和商业养老保险相结合的方式作为养老金的基本保障。

4.一生做好一类投资

股票、基金是最好的长期投资工具，如果你不愿意炒股票和买基金，愿意投资地产，或者愿意收藏书画、古董，这都没有问题，只要一生做好一类投资，你就会过上衣食无忧的生活。

古人云：“君子爱财，取之有道。”但一个人赚钱能力再强，如果不会理财，到了晚年还是会落地两手空空。从现实角度来看，女性平均寿命长于男性，养儿育女后年龄增长竞争力下降等因素的存在都要求女性为自己将来的养老和生活方式做一个统筹规划。女人们，从现在开始，就学会理财，做个聪明、独立、幸福的女人吧。

写给女人的心里话

时尚女性要会花钱还要会管钱，制订一套“用钱”计划非常重要。在投资时应该学会利用多元化分散风险，将投资放在不同的区域。并要对自己的需求及期望达到的目的有一个全面的考虑，逐渐建立经营理财的习惯和观念。

让你当不成“财女”的七个误区

现代社会，女性承担着社会和家庭的多种角色，而随着人们投资理财意识的觉醒，越来越多的女性也自觉或不自觉地加入到理财大军中来。但是，现代女性在理财的过程中，总会走入一些误区，下面的几大误区需要财女们多加注意。

1.我不是理财那块料

有不少女性对自己没有信心，对数字分析没有兴趣，也不相信自己的能力，甚至对理财心存恐惧。其实，现代女性不但在经济能力上不输男性，在理财上也可以迎头赶上。其实，揭开理财神秘面纱的最基本的步骤没有你想象得那么复杂，只要多花一些心思，建立在理财上的信心，你就会在理财领域中表现得比男性更好。

2.一生将和丈夫长相厮守

越来越多的女人要么离婚，要么单身，而那些仍有婚姻的女人一般也都比她们的丈夫活得长六七年，女人的工资比男人低，得到的退休金和社会保险又很有限。所以，女人理财变得更加重要了。那种觉得经济收入和理财靠丈夫的观念会影响你的成长，同样也会危及你

的经济安全。

3.只把钱存在银行

据调查显示，一般女性最常使用的投资工具是储蓄和保险。这样的投资习性可看出女性寻求资金的安全感，却可能忽略了“通货膨胀”这个无形杀手，不仅可能将利息吃掉，长期下来可能连老本都不保。所以，女性要相信自己的能力，不要保守，对理财也不要心存恐惧。

4.没有必要学习怎样理财投资

事实是并不是所有的百万富翁在刚开始时就是富有的。他们只是比我们这些人花得少而已……仔细计算一下你的花销，通常都能挤出一部分钱来进行投资。一旦学习了如何理财投资，你就会发现很多事情都在你的控制之下。耐心等待，你还会发现有很多种方法可以使你增加财产。

5.嫁个好老公强于能挣钱

有的女性把未来寄托于找个有钱老公，却忽视了个人创造，提高自己积累财富的能力；有的则凡事依赖老公，认为养家是男人天经地义的事情，自己只要管好家就行了。女人千万不要通过婚姻来改善自己的经济状况，因为不稳定的婚姻，不仅会使你失去金钱还将会使你失去爱。

6.随大流避免理财损失

大多数女性常常跟随亲朋好友进行相同的投资，却忽视了自己的财务需求或者忽略了对所投资的品种进行盘根究底，反而造成财务危机。所以，女性要自信一点，采取适当的理财模式，不要随大流盲目投资。

7.理财很容易，自己可以应付

一些女人总爱走极端，认为理财很容易，自己就可以应付。虽然理财比想象得要简单，但投资却是复杂的。虽然了解自己家庭的财务状况并不难，但真正要把家中钱财打理好，让资产的收益率超过通货膨胀率可不是件容易的事。这就需要借助外脑，让专家帮忙，当然即使你有最好的理财专家,决定权还是在你自己手中,你要了解足够的投资知识来决定是否采纳他们的建议。

总之,若想变成财女,要控制自己的购物欲,信用卡少刷,现金多用。只要适当调整自己的消费习惯,完全可以将自己的钱财打理得井井有条。还有,理财不是一天两天的事情,不能只是三分钟热情,持之以恒,你才能体会到理财的乐趣。

写给女人的心里话

你若想做一个独立自主的现代女性,还得是一个财女——高财商的女性。不仅要懂得赚钱,还要懂得理财,学会投资,为自己计划一个安全美好的未来。从现在开始,从消除自己对理财的误会和抵触做起,把自己修炼成一个新财女。

女人心中应有一笔“清楚账”

随着社会的发展、经济水平的提高和观念的更新,女性在家庭中的地位不断攀升,越来越多的女性开始掌握家庭的财政大权。另外,也因为“男主外,女主内”的传统思想,女性有了充分的时间去体验实际的生活并考虑如何省钱消费。

都说女人是天生的理财专家,文化再低的女性,只要有足够强烈的愿望,都能把家庭和周边生活的“一盘账”算得清清楚楚。

20岁的你,也许正在为如何打扮自己而花费大部分时间;30岁的你,也许正在经营自己蒸蒸日上的事业;40岁的你,也许已经开始考虑退居二线,做点小生意……要实现这些,都需要金钱的支撑。

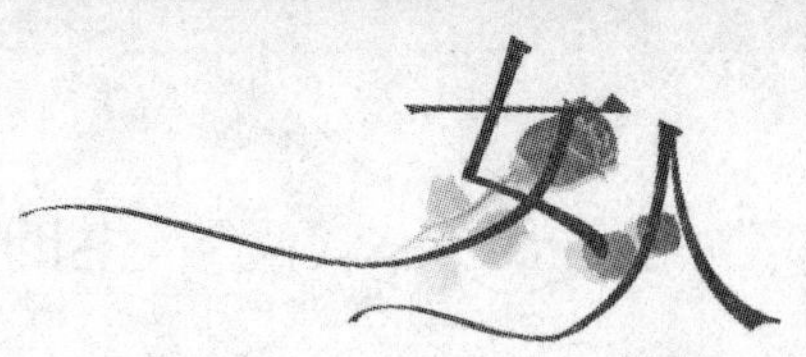

在现实生活中，很多女性都认识到理财规划的重要性，但很多人又都在为如何做好理财规划犯愁。理财专家告诉大家，学会记账是成功理财的第一步。通过记账的方法，你就能知道每个月的钱到底花在了什么地方，哪些该花，哪些不该花，从而避免入不敷出的情况出现。

收支财务状况是达成理财目标的基础，逐笔记录自己的每一笔收入和支出，并在每个月底做一次汇总，久而久之，就对自己的财务状况了如指掌了。“月光族”如果能够学会记账，相信每月月底，也就不会再度日如年了。

不过，有不少人说，记账既浪费时间，短期内又看不到什么收益，还不如不记，说这话的年轻朋友是还没有学会记账。的确，如果你把消费账记成了流水账，那么它确实帮不了你什么，而且还会浪费时间，所以，记账一定要讲方法，要进行分类。

通常在谈到财务问题时有两个角度，一种是钱从哪里来，另一种是钱到哪里去。所以，记账必须清楚地记录金钱的来源和去处。

在网上看到一个月收入 3500 元的北京年轻朋友小 A 的账目：

收入：3500 元。

支出：

(1)房贷为 1500 元。

(2)日常开销：每月 1000 元左右，包括柴、米、油、盐等基本开销，还有通信费、水电煤气费、日常请客吃饭等开支。

(3)学习投资：每月 500 元，用来上外语班、进行专业进修。因为小 A 很清楚，年轻，正是学经验，长知识的最佳时机，所以一定要趁此大好光阴多积累，多学习，培养自己赚钱的能力才是最大的理财。对于这笔支出富余出来的部分，小 A 先用它买了开放式货币基金，因为它的风险小，并且可以随时动用，收益相当于银行定期存款，而且还不收利息税。

投资：

(1)每月拿出 200 元，购买保险。因为年轻人活泼好动、爱冒险，所以小 A 很“识时务”地买了意外伤害险。

(2)每月 300 元买定投基金。很多朋友们可能会把这区区 300 元不看在眼里,结果,一年之后小 A 的账户里又多了 4500 元(定投的基金收益为 5%)。

另外,为了防备发生意外之需,小 A 还给自己办了一张信用卡备用,但他给自己立下规矩:除非万不得已,否则不会刷卡消费。

可见,这个账目记录简直就是一个很好的理财规划表,而这张“完美”的账单恰恰是主人长期记账摸索出来的成果。难道这样记账是“没有多大用处,是在浪费时间”吗?

另外,从理财的角度说,女人要真正快乐起来,物质财富是重要前提。所以,女性朋友不光要会记账,而且在自己心底还要有一个“心理底账”。

今年 50 岁的王姐是某公司的主管,她给自己开出的“心理底账”是 15 万元,即无论家庭发生什么事情,账户上的资金都不能少于 15 万元,而且非到万不得已,这笔钱是“不动产”。她说,这笔钱虽然不算多,但能使她做事有底气,有安全感;在拼事业的时候,也不用瞻前顾后。

对于女性朋友们来说,这“15 万”不是绝对数字,可以根据自身实际情况而调整金额,但必须让这笔钱在你的账户“稳定”下来,不随便动用。

为了让我们生活得更好,大家不仅要注重理财,还要记得理财从记账开始,并且在自己心底还要有一笔“心理底账”!让记账成为一种习惯,让账目表成为指导消费行为的准则,过不了多久,你就会发现自己花钱不再像以前那么冲动了。

当然,记账只是起步,记账是为了更好地做预算,希望通过合理的预算来合理安排家庭财务,逐步实现各个目标,这样才能更快捷高效地实现理财目标。

写给女人的心里话

学会记账，会让你改正自己消费中的许多问题，这是理财道路最实用的一步，也是最关键的一步。所以，女人心中应该有一笔“清楚账”，让记账成为习惯，把自己变成一个会记账的理财女。

二十几岁决定女人的“钱途”

我们知道，“富婆”梦不是梦一下就可以实现的，只有早日规划，才能早日实现。但一些年轻的女性却并不考虑这个问题，如果你想过幸福的生活，成为一个幸福的女人，那么，在你二十几岁的时候就要考虑如何理财了，因为，二十几岁决定女人的“钱途”。

有人说十几岁的女孩是含苞待放的花，活泼可爱；二十几岁的女人是刚刚绽放的花，青春活力；三十几岁的女人是盛开的花，魅力四射。二十几岁，是女人从青春历练到成熟的阶段，女孩应该有自己的人生目标，好好规划自己的“钱途”，让自己的人生能够幸福。

女人要青春美丽，要遇见好男人，更要有钱！你是否想过：如果财务出现危机，你的人生梦想可能完全走样；人生充满变数、岁月无法回头，一旦年轻的本钱挥霍殆尽，你还剩下什么？所以，女孩在年轻的时候要储备好本钱，只要懂得未雨绸缪、主动出击了解财务，你也可以由穷变富，把握好自己的“钱途”！

不论是做事、计划休假、恋爱，还是准备父母生日礼物，总是离不开钱。这不是因为货币的价值，而是因为它是实现价值最有效的手段。换句话说，如果想生活幸福，钱是不可缺少的东西。有人这样说：

"脑袋决定你的口袋，口袋里的自由，决定你一生的幸福，也决定你脸上的笑容。"

所以，金钱对每个人都很重要，尤其对于女人。因为女人拥有一张长期饭票的概率越来越低，当婚姻破碎了，金钱纠纷很容易导致男女双方恶言相向，受害的一方往往是女人。即使婚姻幸福的女人，也有可能单独面对现实人生，因为妇女普遍比男性长寿四五岁。

女人在年轻的时候，总觉得这一天永远不会来临，总是很乐观地认为"船到桥头自然直"，女人总爱逃避现实，缺乏居安思危的观念，不愿意去想倒霉的事，等到问题发生了才烧香拜佛，祈求上苍的眷顾。

其实，女人如果尽早学会理财，为没有依赖的日子做好准备，命运可以掌握在自己手中。因为起步越早成功的机会越大，越年轻开始充实这方面的常识越有利，在能力范围内牺牲物质享受，学习精打细算，为未来做准备，不要甘于贫穷，才能拥有真正的自由和幸福生活。

二十几岁正是开始赚钱的时期，如果等到你过了三十岁独立了，或者结婚后，就会发现仅仅是吃饭睡觉，钱就在不知不觉中蒸发掉了。如果从由父母供养的二十几岁就开始理财，那么，到三十几岁最艰难的时候，你就能不费力地安然生活，而且一生都将成为钱的主人。

现在的你才二十几岁，没有从父母那里继承任何财产，自己也没有多少积蓄，没钱是可以理解的。但是，如果十年后你还是没什么钱，那就应该为自己感到羞愧了。为了十年后不再贫穷，从现在起就以诚实的心态学习理财的方法。不要羡慕天生就有钱的女人，因为比起天生有钱的女人，会理财的女人会生活得更好。

高职毕业的台湾名女人何丽玲说过这么一句发人深省的话："女人能年轻多久？可以无忧无虑多久？身为依赖成性的女性，有时候我们该思考，如果有一天发生意外状况，我有没有能力自给自足？总有一天我们必须靠自己想办法过日子，只有自己才能保障自己的未来"，因此，女人要有钱，并不是要追求享乐，而是生命的尊严。

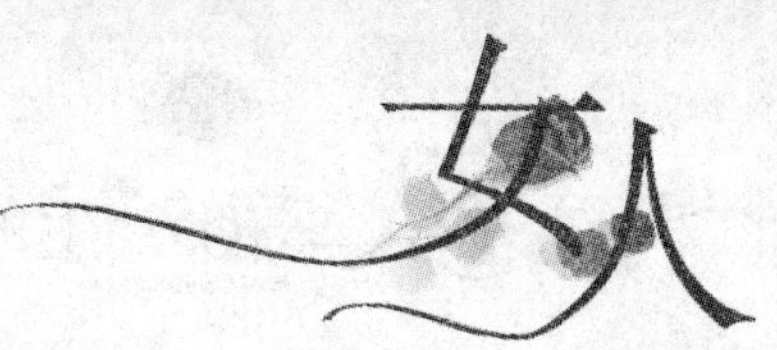

她还说："如果女人懂得理财，懂得独立，人生就是你的，女人无法在厨房中要求独立，学会理财才是追求独立自主的基础。"

可见，何丽玲在职场和情场的成功，不是没有道理的。

年轻的时候，我们都是潇洒的"月光女神"，挣多少花多少，关于储蓄、保险、理财都懒得去想，总觉得车到山前必有路。直到步入大龄女性阶段，面对各种烦心事，才觉得后悔，才明白了理财的重要性。

天下没有后悔药可吃，所以身为女人，在二十几岁的时候就要合理规划自己的人生，学会理财，这样才不会在30岁以后仓皇狼狈地应对各种问题。

写给女人的心里话

对于女性而言，稍不留神就会晃到三十好几，自己的生活是否幸福，都是自己年轻的时候就决定了的。所以，女性在二十几岁的时候就应该树立理财观念，早一点为自己今后的生活做打算。

养成存钱的好习惯

如果让男性和女性进行一次横跨长江的游泳比赛，谁会胜出？有人会回答男性，因为男性有冲劲；有人会回答女性，因为女性有耐力。股神巴菲特说，"只有退潮时，才能看出谁在裸泳。"这是投资界的规则。

在理财的游泳比赛中，男性女性也各具特色。对于一个精明的"财女"来说，坚持自己的理财优点，再吸收男性的理财长处，就能成为胜出者。

女人勤俭便能持家已经成为过去式，现在，女性要想活得充实，活得幸福，一定要把自己修炼成理财的多面手。精明女人的必修课就是让“钱生钱”，就如出名要趁早一样，理财也要趁早。

一说到理财，在许多女人的观念里，认为买股票、炒基金、玩期货就是理财。于是她们买来一大堆教人炒股、炒基金的书来读，自认为是理财高手后，便把手中的钱砸向了股票和基金市场。结果，大多数人都赔了个血本无归。其实，在理财盛行的今天，有许多女人忽略了理财中的一个重要组成部分，那就是合理地储蓄。

常常有女性朋友这样问：“女性到底要怎么理财最精明呢?”其实，最简单的方法就是花少一点，赚多一点。尤其是注意身边的一些小钱，左手进右手出，花到哪里都不知道。

不少女性朋友喜欢花钱买方便，比如，喜欢在外面吃饭，早上总是太晚起床，所以要坐出租车上班等。这似乎是经常犯的一个“理财失误”。所以，不要随便花钱买方便，做合理的预算，才能成为理财高手。

越来越多的女性朋友崇尚“工作是为了更好地享受生活”。手持数张信用卡，喜欢疯狂抢购商品，等到发工资后，再开始以信用卡还贷，赚多少，花多少，常常是月月光。在现实生活中，很多年轻的白领都曾经或正在扮演“月光女”的角色，可以月入斗金，也可以月出斗金，崇尚提前消费的生活方式，根本不顾及今后的人生需求。实际上，投资理财应该是贯穿一生的长期规划，年轻的时候，拥有健康的身体和充沛的精力，可以尝试各种各样的生活方式。随着年龄的增长，有没有一份固定且可观的积蓄，大大决定着下半生的生活是否幸福。

对于“月光女”来说，应学会把钱花在刀刃上，强迫自己储蓄，银行的零存整取储蓄存款功能等等，都可以实现“月光女”储蓄的愿望。

张瑶一看就是那种憨憨的样子，做中学老师的她平时没什么应酬，着装也是简朴休闲的那种。工作不到三年，月入两千元的她竟然储蓄了五万元，是个不折不扣的“财女”。

如今大多数女人的储蓄方法并不科学，她们遵循的方法基本上是：把每个月的薪水除去花销，剩下的便存进银行，剩得多就多存，剩

得少就少存。其实，这种储蓄不能称为理财，只是没有计划地乱存。

理财是为了实现人生的一些重大目标，比如为女儿准备充足的教育基金，或为自己留下数目可观的养老金等。所以，科学合理的储蓄方法应该是：先根据自己的理财目标，再根据自身的情况，通过精确的计算，得出为达到目标所需的每月准确的金额，然后在努力提高收入的同时尽可能做到量入为出，避免浪费，以便每月的盈余数目可以再多一点。最后，每月都要按照这个目标进行储蓄，从而创造出更多的价值。

具体说，科学合理的储蓄要遵循下面的三个原则。

1.注意平衡收支

一些女人因为能剩余就存，没有剩余就不存，结果，很多女人存不下钱。要想科学储蓄，就必须遵循这个公式：收入－储蓄＝支出，尽量节约支出，留下盈余，用于储蓄。

2.重视储蓄

不要只把储蓄当做一项任务去完成，而是要从心理上真正重视储蓄。当你对储蓄这件事怀有正确的心态，那么，你就会坚持把这件事做好，从而走上成功的理财之路。

3.不断增加自己的收入

许多女性认为想方设法地减少开支是储蓄的最好方法，其实，这绝对不是一个好办法。因为减少开支，就会减低生活质量，会得不偿失。合理储蓄的最好方法是想办法增加收入，每月用来储蓄的盈余自然会增加。

总之，科学合理的储蓄是一个漫长的过程，无论赚钱多少，都应该早日树立起正确的理财观念，然后坚持下去，就有机会实现心中的理财目标。

写给女人的心里话

要成为有钱的女人，就必须要学会理财；要想过幸福的生活，也必须要学会理财。储蓄是最基础的理财方式，虽然回报率相对较低，而且周期也比较长，但对于初入理财市场的女人来说，却是一种最理想的理财工具。进行合理的储蓄，绝对是正确理财、成功理财必不可少的一步。

警惕变成“购物狂”

一项国内消费的调查结果显示，在极端情绪下消费的女性高达46.1%。也就是说，很多人极易患上购物狂妄综合征——“购物狂”，她们常常做出连自己都预想不到的非理性消费。心理学家认为：购物狂往往希望通过购物来发泄某些压抑的情绪，或是用这些物质刺激来填补内心的空虚，在这个过程中，因燎原的欲望吞噬理智，在购物后便开始沮丧、后悔。

女性们应该从个人心理来解释并控制自己的疯狂购物，避免自己经常性地为情绪埋单。心理专家认为，诱发“购物狂”的主要有以下四种原因：一是购物狂患者企图依靠疯狂采购来填补心灵的空虚，而现代的信用卡结算方式更助长了病情的发展，因为患者已不能及时发现钱包早已掏光；二是女性大多感情脆弱、富于幻想、比较浪漫；三是女性往往经不住广告的诱惑；四是“购物是享受”“购物有益健康”等等错误的观念导向，导致女性们带着一大堆物品回家的同时，也带回了数目可观的账单。

看看下面这两位女性，疯狂购物的程度让人惊讶。

刚毕业的媛媛进入了一家待遇不错的单位，月收入有三千多元，由于工作单位离家较远，只能周末回家。她一回到家里就不停地去逛街购物，平均每个周末都要花掉一两千元，刚买了一套护肤品因为

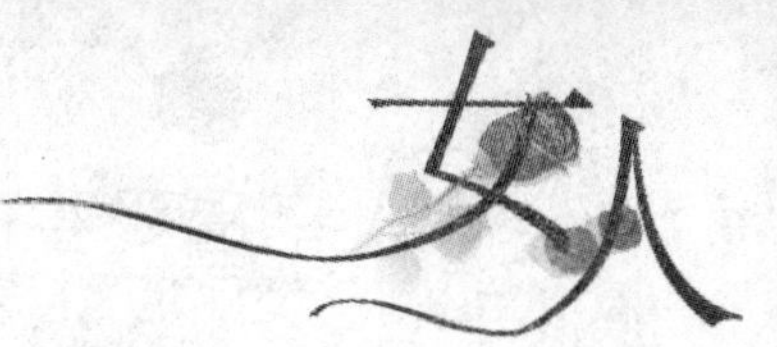

“感觉不是很好”，就在另一个知名品牌活动时再买一套。媛媛说自己也忍不住，虽然“透支”部分都由父母“偿还”，但是做个“月光女神”有时候还是比较不安，“我也不想啊”，无奈的媛媛刚刚在商场又买了一身衣服。

媛媛被人称为“月光女神”，无独有偶，再看看“名牌粉丝”周扬。

周扬今年又升职了，随之而来的是更加丰厚的薪水。在和同事朋友庆祝一番后，她在城中的一家高级时装店连刷了三万块，提着几袋名牌回家，一种无比的满足感让周扬十分开心。她坦言自己钟爱购物，甚至成了她努力工作的最大动力，她至今记得用第一笔薪水购买了一个名牌钱包的感觉。不过如今事业有成的她已经有了一抽屉各式各样的钱包。家里还专门开辟了一个挂衣间储备她那些琳琅满目的“名牌”，她还每年两次专门飞去香港“扫货”。

媛媛、周扬有着共同的购物热情，她们也被人戏称为“购物狂”，但是据心理医生分析，她俩还不算“狂”，媛媛的购物习惯和她优越的家庭环境有关，刚刚工作还不能很好地安排自己的经济。而周扬热爱购物的心理尚属“健康”范围，透支也能及时还款，没有信用不佳的记录。她俩代表了大部分消费者的购物心理：名牌的，打折的都爱，但是不一定买到的就是适合自己的，事后后悔的情况常常发生。

张柏芝透露，在拍摄《购物狂》期间，铺满整个片场的物品几乎都是她的私人珍藏，从时装到包包，从首饰到内裤，总价值高达 80 万港元。张柏芝也承认，在现实生活中她也是一个有购物癖好的女人。其实，大多数女人都有借购物来发泄，让自己满足心理欲望，只不过是程度轻重不同罢了。

心理医生认为，虽然不少购物者感到“购物确实能带来快乐”，但无论是释放压力、消磨时间还是排遣寂寞，消费购物都不是根本的解决办法。建立可信赖的人际关系，进行适量的运动，拓展视野，将不必要的消费转为公益性的投入等，所获得的心理满足感将更加积极和长久。

有人支招说，控制购物欲最好的方法就是不去逛街；有人说，控制网购的最好方法就是给家里断网;还有人说,培养兴趣爱好什么的,分散注意力,控制购物欲就不再是问题了。

其实,要纠正过于强烈的购物欲望,就需要加强心理素质的培养,力求让自己保持平常的心态,这样才可以让这种心理疾患得到减轻或消除。如果你正在被疯狂的购物欲望所左右,控制下面的几种不良情绪可以帮助你摆脱这种坏习惯。

1.不要借购物来为情感疗伤

女性为了疗伤而大肆购物是一种很常见的现象。莉莉就是其中的一位,她从小受宠有加,在自己的恋爱史上更如众星捧月。可老天好像故意和她作对,好不容易找到了心仪的爱人,结果,却不欢而散。分手后的莉莉哭成了泪人,她一跺脚,擦干眼泪,直奔某商场而去。她想以喧嚣和狂购来让自己忘记失恋的伤痛。那天晚上,莉莉在商场过足了购物瘾,其实她并不清楚自己到底买了什么,只是肆意发泄着自己的情绪,以为这样会使自己好过些,可当她回到家,把用大笔金钱换来的东西扔到床上时,还是悲伤地哭了起来。

在购物狂女人中,还有一些失恋者一般不屑于穿着,反倒对吃有着特别的喜爱。待疯狂购物后将可口的食品送入口中,不但能沉迷吃的快感,痛快的咀嚼也解了心头之恨。

失恋后的女性一般缺乏安全感,强烈的孤独感也是比较严重的不良心理情绪。其实,心理上越惧怕的事,越要想办法去正视它。尽量不要选择通过购物来发泄,可以向朋友倾诉一下心中的苦闷,这样,你就可以慢慢恢复平静的心情。你会发现,一直以来令你痛心的不是失去的恋人,而是失去的自尊;苦楚的也不是他的离去,而是失去的自我。

2.不要借购物来发泄不良情绪

平时与家人或同事发生不愉快的事情,或由于工作或其他原因导致压力过大的时候,不要选择通过购物来发泄不良情绪。

阿芝走上公务员岗位已经快十年了,熟悉她的人都叹服她精明强干。今年她所在的机关要选拔中层干部进领导班子,结果,阿芝在最

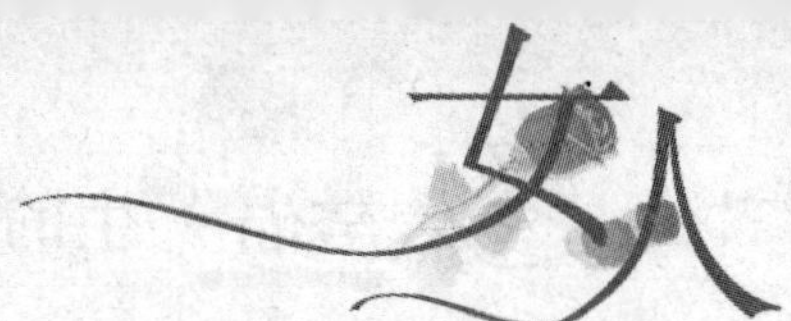

后的评定中落选了，本以为一帆风顺的她一下子跌入谷底，她的心理平衡器一片紊乱。阿芝选择了购物来发泄心中的郁闷，花完了现金又刷信用卡，直到商场服务人员对她说信用卡已经透支，她才从疯狂购物中清醒过来。想着自己以后将面对的经济紧张，她的郁闷有增无减。

人的成功和快乐首先取决于积极的想法，人可以受挫，却不能被打败，把失败当做成功的动力，是你摆脱失意的捷径。这样你就会明白，购物不会是解决问题的出路。

另外，还可以改变购物模式来矫正购物狂热行为。比如，在购物时，尽量少去折扣店，限制自己逛商场的时间，购物之前带上一个计算器，多叫几个朋友，少用信用卡等。

既然疯狂购物不是出于生活的实际需要，而且往往是一时的快乐换来长时间的懊悔，何不学着克制自己的欲望呢？毕竟，正常消费的女人才能成为幸福的女人。

写给女人的心里话

女人要养成正确的消费观念，加强心理素质的培养，力求让自己保持平常的心态。心情郁闷的时候可以找朋友聊天或参加户外活动，不要被不良的“购物狂”行为所左右。

不要让信用卡“卡”走你的钱

在超市门口、街头巷尾，甚至在你的办公室门口，那些随意着装的年轻人，会殷勤地向你询问：“办信用卡吗？”如果你没有冷漠地扫他们一眼，而是礼貌地回答："不好意思，我已经办过了。"他们就还会关切地问你："某某银行的卡你办了吗？我们有更多积分赠送，还有很多购物优惠活动，现在办卡还送精美礼物……"就这样，我们在不知不觉中被各大银行的"铺卡"大军殷勤地拉入了"刷卡"大军。

如今，很多时尚女性都已经成为了"刷卡一族"，打开她们的钱包，里面往往排了好多张五光十色的卡。寅吃卯粮，是"刷卡一族"最普遍的消费方式，而且她们大多为这种做法感到心安理得。虽然她们很少为了满足消费的欲望而向别人开口借钱，却从来不在刷信用卡时有丝毫手软。

有一项统计显示，有近八成的女性拥有自己的信用卡，这其中的七成都用来消费。同时有关人士说："女性客户的忠诚度比较高，信用卡不大会发生拖欠，是因为她们不会轻易牺牲自己的信用。"所以，银行也非常热衷于推出女性信用卡来吸引女性消费。

不过，女性刷卡消费，往往感性多于理性，有时候消费的快感，会让女性忽视商品的实用价值。理财专家表示，女性刷信用卡要理性消费，不要盲目，不要让自己从小有存款的小富翁，变成"负翁"，变成"卡奴"。

张丽华就是一个典型的卡奴，而且因为信用卡的事情，她还和丈夫吵了好几回架。第一次吵架是因为丈夫从邮箱里拿到了一封信，是某家银行给张丽华汇来的催款单，交款项目是她手里的这家银行信用卡的年费，总计150元。

丈夫数落道："你看，现在哪有你这么笨的人，一分没花，一次没用，就要交给银行150块。"

理亏的丽华说："我有好几张卡，今年这张没刷够3次，才这样的。"

"你就不能少办几张，你要那么多有什么用？现在好了，就为那不值几块钱的小玩具礼品，你花了150块！"丈夫很生气。

第二次吵架，丈夫比上次更加恼火。因为张丽华将一笔钱临时存进了信用卡，用的时候，又从提款机里取了出来。银行很快就寄了一

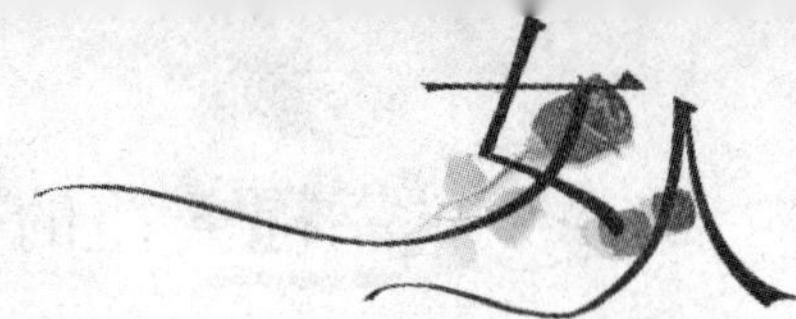

份 275 块的账单给她，费用是取款时发生的取现手续费。

这件事让张丽华也懊悔不已，丈夫更是大发雷霆："你看看你，弄几张信用卡，每个月都要往银行跑，不是还这家银行的账就还那家银行的。早就告诉你，轻易不要用信用卡，你不听，现在好了吧？"

丈夫数落完后，摔门而出。

其实，办信用卡没有错，因为信用卡可以为我们提供一些方便。比如不用带现金就可以消费，可以先用银行的钱满足自己的消费欲望等等。但是如果我们不能利用好手中的信用卡，我们就会成为地道的卡奴。每个月为还款而辛苦奔波，有时候还因为疏忽的问题，像张丽华那样，平白无故地一年交给银行好几百块钱。再者，如果因此而影响了夫妻感情那就更划不来了。

在现实生活中，有人说信用卡是魔鬼，一旦恋上它，迟早会成为卡奴，从此终生为银行打工。其实只要方法得当，你依然是它骄傲的主人！那么，怎么才能用好手中的信用卡，改变我们卡奴的身份呢？有关专家指出，使用信用卡应该注意以下几个问题。

1.不要通过信用卡透支进行风险投资

投资界有句老话：不要借钱炒股。因为自己的钱即使赔了也只是输了本钱，而借钱炒股要是输掉的话，就会背上债务。但是，很多女性用信用卡透支或通过消费方式套取现金，然后进行炒股等风险性投资。这种风险较大的投资方式不可取。

2.不要办理多张信用卡

银行发卡，是为了他们的金融利益，不是为你的方便。所以你在开办信用卡时，要更多地考虑办卡给你带来的方便是什么，如果一条好处都没有，或者有些好处其他的借记卡或信用卡已经代替，那么，就不要办卡。

现在，很多持卡人从各家银行办理多张信用卡，这样就可以增大透支额度。而且，万一因为透支被某家银行列入黑名单，还可以从其他银行继续取得透支。其实，这种想法是完全错误的。现在全国征信系统已经实现各省市的陆续联网，有过不良信用记录的持卡人在换卡或申请追加信用额度时，会被银行冻结银行账户。而且，以后办理住房贷款和消费贷款，有信用卡不良记录的人也有可能被所有银行拒绝。记住，卡不在多，有用才行。

3.不要忽略信用卡的用卡成本

信用卡有年费、利息、取现手续费、分期付款手续费等，这些费用就是银行想要从你身上赚取的利润，你一定要弄清楚各项费用产生的前提条件，如果不是不得已，不要白白地把这些费用交给银行。办理信用卡时，你一定要搞清楚这些费用如何收取，不要白白当了冤大头。

信用卡的用处很多，银行虽然是想从我们刷卡的过程中产生的各种费用里提升利润，但是我们却要从刷卡的各种优惠中为我们提供便利。女人要将信用卡作为一种理财工具，而不是被信用卡玩得团团转，这卡损失一笔，那卡又损失一笔。只有从“卡奴”变成“卡神”，让信用卡成为你“忠实的奴仆”，才是最好的财务大管家。

写给女人的心里话

很多时尚女性都已经成为了“刷卡一族”，但她们却让自己从小有存款的小富翁，变成“负翁”，变成“卡奴”。如果能够很好地使用手中的信用卡，成为信用卡的主人，就会从“卡奴”变成“卡神”，让信用卡成为自己最“忠实的奴仆”。

女人都要有一个“富婆”梦

俗话说：“金钱不是万能的，没有金钱却是万万不能的。”的确，生活中的你不管干什么，大都离不开钱，金钱是实现幸福生活最有效的

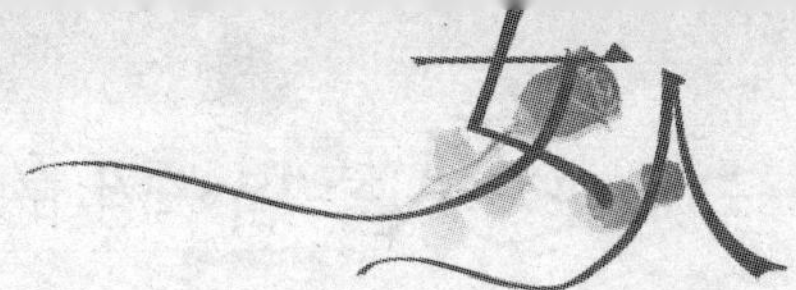

手段，几乎每个人心中都深藏着一个富翁梦。

女人也是如此，无论在什么环境，在什么年代，经济独立都是女人享受幸福生活的前提和保障。只有经济上独立，才能在自己构筑的堡垒里安享幸福。

孔子云："君子爱财，取之有道。"君子爱财，更应治之有道。这里说的"取"就是赚钱，"治"就是理财。一个人赚钱能力再强，如果不会理财，到了晚年依旧两手空空，为衣食忧愁。

有人认为，只勤不俭，是竹篮打水；只俭不勤，是无源之水。既勤又俭，是水库蓄水。女士们在马不停蹄工作时，不能忘记每月要先"支付"自己，在拿到薪水时，应建立一笔占自己收入至少 20%的储蓄基金，并每 6 个月至 1 年检视财务状况，再依情况增加配额或调整比例。

攒钱是理财的起点，收入是河流，财富是水库，花出去的钱就是流出去的水，只有流在水库里的才是自己的财。因此，若想要攒钱，就得养成量入为出的习惯，例如尽量克制冲动消费的习惯。

另外，要有预算的概念、追查每一分钱的来龙去脉、养成记账的习惯。女士们最好身边带着一本小账本，时刻盯紧自己的收支状况，把每天的消费支出都记下来，然后每个月总结，从中分析自己在衣食住行上的花费，看看哪些是必需品，哪些是奢侈品，然后在下个月消费时保持警惕，将有助于提醒自己开源节流。

女性还不能缺乏对财务危机的意识，应该设法让钱"勤劳"运作。光攒钱还是不够的，女性还要学会投资，让钱生钱，不妨把钱分成三份。

1.应急的钱

留半年到一年的生活费，这些钱以活期储蓄形式存放。

2.保命的钱

最好留三到五年的生活费。这些钱可以以定期储蓄的形式存放，或者部分购买国债。

3.闲钱

五到十年不用的钱，这些钱才可以用来买股票、基金、房地产，以期获得高收益，不过，也要做好可能赔本的准备。

但有些女孩总是认识不到经济独立对一个女人的重要性，总是梦想着有一天某个富翁送个后花园来供自己优雅地遛狗赏花。其实，白马王子能把你带上马，也能把你扔下马，除非你自己有马，可以跟他齐头并进，或者，比他骑得更快。

曾经在一家宾馆当领班的雯雯，长得闭月羞花，自从和一位做电器生意的老板结婚后，她便认为自己找到了依靠，婚后便辞职在家，过起了养尊处优的少奶奶生活。没想到这种安逸的生活过了不到三年，后院便起火了。原因是她老公在外面寻花问柳，还瞒着她给情妇在郊区买了套房子金屋藏娇，并扬言要和她离婚。如今，从来没有给自己生活做过任何金钱准备的雯雯要面对重新就业的挑战。

可见，随着社会的发展变化，“婚后靠老公，老来靠子女”的观念显然已经不合时宜。不管在什么时候，经济独立是女人享受幸福生活的前提和保障。女性必须懂得在生活中加强自己的经济力量，因为婚姻不一定是未来的保障，生命中的变量太多，伤残、疾病、失业、丧偶等都可能使家庭生计陷入困顿。不论单身或已婚女性，都要好好管理自己的财富。

写给女人的心里话

一个女人拥有自己的事业，才能享受经济上的独立。一个有钱的女人才可能会有真正的安全感，才能把握住自己的命运。每个女人心中都要有一个“富婆”梦。

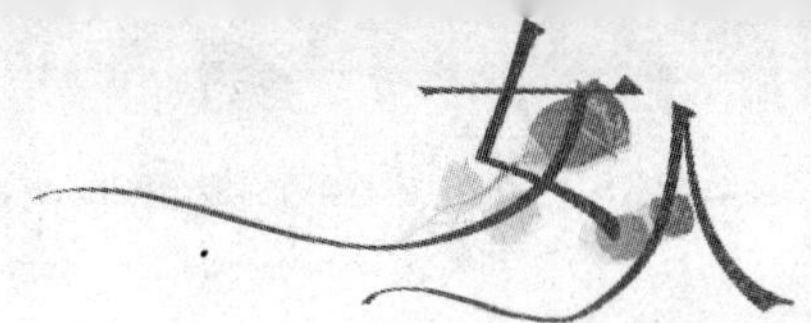

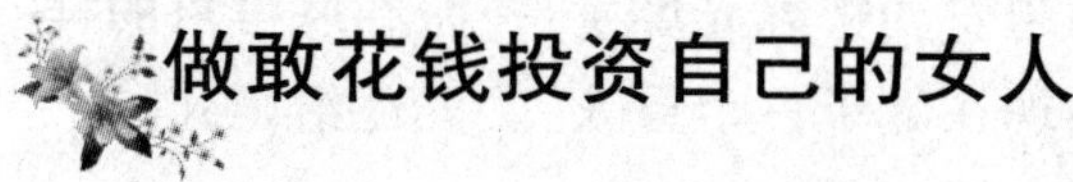

做敢花钱投资自己的女人

曾经看过这么一个有趣的故事。

一位年轻漂亮的美国女孩，在美国一家大型网上论坛金融版上发了一个帖子："本人25岁，非常漂亮，是那种会让人惊艳的美丽，而且谈吐优雅，有品位，想嫁给年薪有50万美元的人。或许你们会说我贪心，但是在纽约，年薪100万美元才算是中产阶级，我的要求其实并不高。"

有位华尔街的投资顾问回了信，他说："我年薪超过50万美元，怀着高度兴趣看了信，我相信这是不少年轻女孩的问题。但是，从商人的角度来看，我认为跟你结婚是个非常糟糕的决策，因为你只想进行简单的金钱与美貌的交易，而这中间有个致命伤会使你的美貌消逝，而我的金钱却不会无缘无故地减少。"所以，这位华尔街的投资顾问只觉得她适合"租赁"。

商业中有这样的一句话：有投入才有产出。如果这句话放到我们的女同胞中来，也可同理：投资自己，才能让生命更加精彩。所以，如果女性懂得有生之年投资在自己最有价值的地方，就绝对能够让自己的生命更添风采。

在我的身边，总能遇到这样一些"自恋自爱"的女性，她们经常挂在嘴边的是：只有投资自己，才会有成就感，才会为自己骄傲，才会对未来充满信心。

一次，在美容院做脸部护理，遇到一个罕见的美妇王女士，王女士看起来已经是徐娘半老，但美丽依旧！身材苗条得像个少女，气质优雅高贵得像个公主。我追问她永葆青春美貌的秘诀。王女士说，她只是一个普通的下岗女工，50多岁了，丈夫前几年就离世了，她靠原先的积蓄和不多的下岗补贴维持生活。但她天生有一颗爱美的心，把美丽当做是女人一生的事业去经营。她在家里腾出了一间房子，墙上镶着一面大镜子，又安装扶栏，每日的必修课是跳芭蕾舞。后来，我再去美容院又多次遇到王女士，她越发变得容光焕发，一派春风得意的样子。王女士悄悄地对我说：她现在嫁了一个男人，丈夫还给她开了一家女子会所，让她培养那些爱美的女士。

王女士认为：女人就得投资自己，就得懂得爱自己。为了生命的精彩，一个女人就应该懂得善待自己，而不是“牺牲”自己！

当然，每个人身上最有价值的地方都不一样，女性最有价值的投资绝对不是只有“外貌”，还有自己的“能力”。如果你只把焦点放在自己的外貌，而忽略自己的“能力”，就永远只能做一个花瓶而已。

也许，一部分女人会说：我倒是想投资自己，可我没钱呀。女人们千万不要认为钱太少就不能投资自己。

美国有一位黑人洗衣妇奥莎拉，年轻时的她很喜欢上学，梦想成为一位护士，但因为她的祖母与婶婶都生病了，只能休学，帮人洗衣服与烫衣服，结果，一洗就洗了75年的时间。但是，奥莎拉没有因为贫穷而放弃投资自己，她一辈子都保持储蓄的好习惯，她只买她需要的东西，从不浪费金钱。75年来，她洗一件衣服收一块钱，居然存到了15万美元之多。她将毕生的积蓄捐给了密苏里州的大学，理由是希望让学生们不必辛苦工作来赚取学费。她的行为感动了很多人，一时之间，有600人共捐了33万美元给该大学。美国有线电视新闻网的创办人特德·特纳在得知奥莎拉的故事后也深受感动，后来，他完成了另一个历史创举，捐出十亿美元给联合国。

一位终生贫穷，帮人洗了一辈子衣服的女性，都能用自己的毅力感动与影响了这么多人，从而实现了自身的价值，那么，身为女性的你千万不要小看自己。不管是各种技能学习、考取证照，还是外在的养身之术，都是你值得投资的地方。只有不断投资自己的人，才是一个不断成长的人，才是一个不断超越自己的人。

如果你想成为真正的“财女”，首先就要明白世界上最好的投资，

不是买股票房产，而是首先投资自己，学会管理个人的财富，管理家庭的财富，懂得用理财的方式规划未来生活。那么，怎样才能成为一位幸福的“财女”呢？

1.明确理财目标的主次

把自己和家庭不同的愿望和目标写下来，确定哪些重要哪些次要。然后把目标进行细化和排序，逐个实现目标。

2.要有恒心

理财最怕只说不做，累积财富是为了创造更有质量的生活。在实现理财目标的过程中，经常提醒自己坚持，避免半途而废。同时，要和家人一起面对实现计划过程中的甜蜜和困难。

3.注意收支平衡

存款是理财的第一步，女性在做财务计划时，必须保证自己的收支平衡，再做规划。

4.不要把所有资产放到一个“篮子”里

理财讲究资产配置，长、中、短期投资兼顾，保险、股票、基金、房地产等都可以配置一些。随着年龄的增长，需要将更多投资用于保障，如人寿保险、年金等。

5.经常关注时事关注财经资讯

理财不能和社会脱节，要经常关注时事关注财经资讯。拥有独立的事业，对很多女性来说也是非常重要。另外，婚姻圆满也是“财女”条件之一。

总之，女人要想拥有一个美好的人生，就要不断地投资自己，从物质到精神，使自己拥有一颗愉悦的心，去对待周遭的事和人，才能做一个自立、自信、自尊、自爱的成熟女人，一个幸福的女人。

写给女人的心里话

世界上最好的投资，不是买股票房产，而是投资自己。只有不断投资自己的人，才是一个不断成长的人，才是一个不断超越自己的人。所以，让我们一起做个敢于投资自己的女人吧！

第六个忠告　织好一张女人网，赢得好人缘

没有沟通，世界将成为一片荒凉的沙漠。我们生活在世上，每天都不可避免地与他人交往。一个人成功的因素，85％来自社交和处世。在家靠父母，出门靠朋友。多一个朋友多条路，人脉就是钱脉，女人多结交一个朋友，成功就多一分希望。所以，身为女人，要经营好你的人脉网络，才能创造财富，为未来的幸福生活奠定基础，成为最终的赢家。女人要想有好的人脉关系，一定要注意自己的形象，尤其是在社交场合，典雅而不落俗套的装扮才能备受青睐，给别人留下美好的印象。

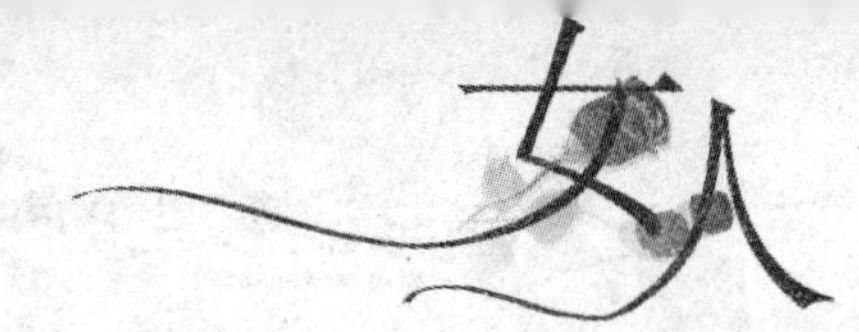

好人缘是女人一生的财富

人们常说：知识加人脉就等于成功。在这个以合力取胜的社会里，拥有营造好人缘的本事，对一个想要成功的女人来说是至关重要的，拥有好人缘事业上会顺利，生活上会如意！

心理学家巴拉什说："男人的成功一般是通过实际的竞争取得的，而女人的成功往往是利用社交联络取得的。"女人一般比较平和，也擅长交往，积累一定的人缘对于事业以及生活都能起到良好的作用，良好的人缘可以说是女人一生最为宝贵的财富！

"人缘"，其实就是人际关系。一个人的人际关系状况，即是否有个好"人缘"，直接影响到工作、学习和生活顺畅与否，更关系到办事能不能顺利地达到目的。

有人说，没有沟通，世界将成为一片荒凉的沙漠。我们生活在世上，每天都不可避免地与他人交往，高超的交际艺术是成功的资本，拥有良好的交际能力和高超的处世技巧，就等于拥有了成功的点金石。正如一位著名的心理学家所言：一个人成功的因素，85%来自社交和处世。众多的人际交往中，女人起着关键的作用。

也许你会问，人际关系真的那么重要吗？我们不妨来看一个小事例。

某公司需要招聘一位秘书，许多人跃跃欲试，结果小娟被选中了。其实，众多候选人的条件并不比小娟差，那么，为什么偏偏是小娟被选中了呢？因为公司高层领导委托下属为自己物色秘书，巧的是，这位下属和小娟正好是同学，也清楚小娟能胜任这个职位，于是，他把小娟介绍给了领导。

领导很满意，小娟的考察也很合格，小娟自然就获得了这一职位。小娟很高兴，因为她找到了自己满意的工作，这将是她迈向成功的一个起点。

小娟能获得这一职位，虽然和她本人的实力分不开，但最关键的因素是她有一个得到领导信任的同学。所以，从这个意义上说，良好的人际关系能为人带来更多成功的机会。

有一些女人，她们无论在哪里都有着很好的人缘：如果她们做生意，会有很多客人愿意上门；如果她们是医生，会有很多病人慕名而来；如果她们做教师，学生们都心甘情愿地投到她们的门下。这些"幸运儿"就像磁石一样，不由自主地吸引着周围的人。她们中间甚至有些人没有付出别人一半的努力，却远远比别人成功得多。根本的原因就是她们独特的品格力量吸引了别人的目光，打动了别人的心，也为自己赢得了好人缘。

虽然好人缘是一个巨大的财富，但好人缘并非人人天生就有，它需要你后天的努力。那么，怎样才能有个好"人缘"呢？

1.尊重他人

俗话说："种瓜得瓜，种豆得豆。"你处处尊重别人，获得的报答就是别人处处尊重你，尊重别人实际上就是在尊重你自己。

2.有容人之量

人际关系中，有时发生矛盾，心存芥蒂，产生隔阂，应当如何处理这种矛盾呢？一种方法是"冤家路窄"，小肚鸡肠，耿耿于怀；另一种方法，则是冤家宜解不宜结——"相逢一笑泯恩仇"。毫无疑问，在处理人际关系时，后一种态度是值得称道的，也会为你赢得好人缘。

3.乐于助人

每个人都需要关怀和帮助，尤其要十分珍惜在自己困境中得到的关怀和帮助，并把它看成是"雪中送炭"，视帮助者为真正的朋友、最好的朋友。帮助别人不一定是物质上的帮助，简单的举手之劳或关怀

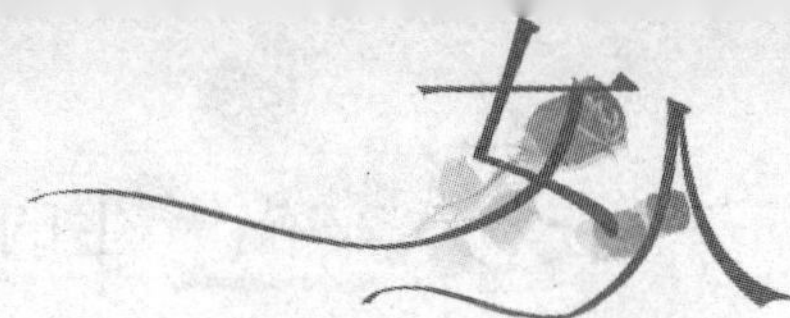

的话语，就能让别人产生久久的激动。如果你能做到帮助曾经伤害过自己的人，不但能显示出你的博大胸怀，而且还有助于“化敌为友”，为自己营造一个更加宽松的人际环境。

4.做人要厚道

在处理人际关系时，不能待人苛刻，使小心眼。别人有了成功，不能眼红，不能忌妒；别人有了问题，不能幸灾乐祸，落井下石，更不能给人“穿小鞋”，做人要厚道，才会赢得更多的朋友。

5.心存感激

生活中，人与人的关系最是微妙不过，对于别人的好意或帮助，如果你感受不到，或者冷漠处之，就可能会生出种种怨恨来。所以，你在接受别人的无私帮助后，不要做“马大哈”，常存一份感激之心，就会使人际关系更加和谐。情感的纽带由于有了感激，才会愈加坚韧；友情之树必须靠感激来滋养，才会枝繁叶茂。当然，这并不是要你“滴水之恩，当以涌泉相报”，只要保持“投之以桃，报之以李”，经常处处想着别人，感激别人，你的人缘自然会好起来。

6.同频共振

同频共振是声学中的一个规律，指一处声波在碰到另一处频率相同的声波时，会发出更强的声波振荡，而碰到频率不同的声波则不然。人与人之间，假如能主动寻觅共鸣点，使本人的“固有频率”与别人的“固有频率”相合，就可以使人们之间促进友情，结成朋友。

7.真诚赞誉

林肯说过：“每个人都喜爱赞誉。”人类行为学家约翰·杜威也说：“人类本质里最长远的驱策力就是期望具有重要性，期望被赞誉。”因此，对于他人的成绩与进步，要肯定，要赞扬，要鼓励。当别人有值得褒奖之处，你应毫不吝啬地给予诚挚的赞许，以使人们的交往变得和谐而温馨。赞美是友谊的源泉，是一种理想的黏合剂，它不但会把老相识、老朋友团结得更加紧密，而且可以把互不相识的人连在一起，成为朋友。

8.诙谐幽默

在人际交往中,机智风趣,谈吐幽默的人往往拥有更多的朋友,因为人人都喜欢和机智风趣、谈吐幽默的人交往,而不愿同动辄与人争吵,或者郁郁寡欢、言语乏味的人来往。幽默是一块磁铁,深深吸引着大家;幽默也是一种润滑剂,使烦恼变为欢畅,使痛苦变成愉快,将尴尬转为融洽。

9.以诚待人

为人处世应保持诚实的美德,与他人交往尤其要以诚相待。诚实是人的第一美德。做人要坦诚,更要有一些侠骨柔肠,光明磊落,襟怀坦荡,使人如沐春风,这样才能有个好人缘。

10.谨慎交友

别人对你的印象,在很大程度上是通过对你所交往的朋友了解的。俗话说:“鱼找鱼,虾找虾”,什么人喜欢交什么人。如果别人看到你的朋友个个都很正派,自然会和你交朋友。相反,假如你交往的圈子中全是些没法恭维的人,恐怕别人对你的印象也就不会太好了。

11.诚恳道歉

如果你不小心得罪了别人,就要真诚地向对方道歉。这样不仅可以弥补过失、化解矛盾,而且还能促进双方心理上的沟通,缓解彼此的关系。千万不要把道歉当成耻辱,那样将有可能使你失去朋友。

12.切忌炫耀自己

在社交场合,要注意谦虚待人,不要把自己的长处常常挂在嘴边。如果总是在人前炫耀自己的成绩,一有机会就说自己的长处,无形之中就贬低了别人,抬高了自己,结果反被人看不起。

写给女人的心里话

一个人成功的因素,85%来自社交和处世。所以,身为女人,要经营好你的人脉网络,才能创造财富,为未来的幸福生活奠定基础,成为最终的赢家。

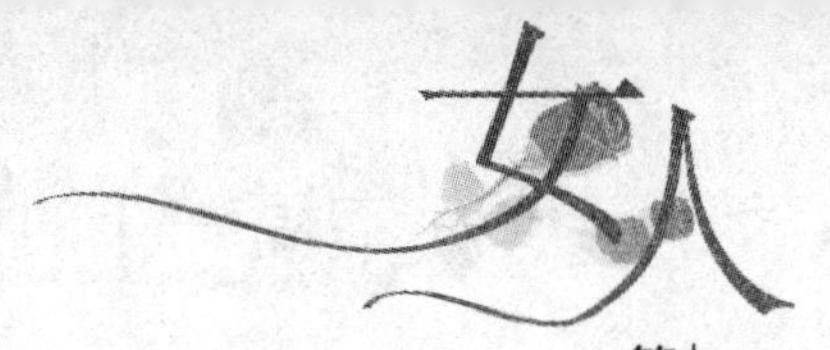

给人留下好的第一印象

当一个人到一个地方，与素不相识的人初次见面，必定会给对方留下某种印象。这在心理学上叫做第一印象。第一印象无论好坏都很难抹去，因此初次见面就不讨人喜欢的人通常不具备良好的交际能力。

西班牙《先锋报》曾报道说，根据马德里孔普卢栋大学心理学教授玛丽亚·阿维亚的研究，与人初次交谈时，非口头语言可提供60%到70%的信息。西班牙专家认为，人们在日常交际中对他人的第一印象主要来自动作、姿态、外表、目光和表情等非口头语言。它虽然零碎、肤浅，却非常重要。因为，在先入为主的心理影响下，第一印象往往能对人的认知产生关键作用。研究表明，初次见面的最初四分钟，是印象形成的关键期。

而现代女性早已不像古时候一样待在家里，大门不出二门不迈。她们为了生活和工作不得不和素不相识的人打交道。所以，女人要注重自己的外表，尤其是在公共场合，因为一个好的外表可以让你有更多的关注力，吸引众人的目光，给人留下一个好印象。

与陌生人交往，给人的第一印象非常重要，第一印象不好，以后想要在别人心目中改变对你的形象，就会很困难。

要给人一个良好的第一印象，首先要从注意衣着开始。得体的穿着会给人留下良好的印象，反之，不适合的装扮就很容易遭受冷落和疏远。

钱钟书的《围城》中就有过这样的描写：

到了方家，老太太瞧柔嘉没有照片上美，暗暗失望，又嫌她衣服不够红，不像个新娘，尤其不赞成她脚上颜色不吉利的白皮鞋。

柔嘉一直以为白皮鞋是时髦的象征，却忽略了老人家的审美需求，所以埋下了和婆婆产生隔阂和矛盾的种子。

一个有很好礼仪修养的人在任何场合都不会随随便便，他的穿着总是与他所在场合的气氛相协调。尤其是在一些重要的交际场合，衣服上所有的纽扣都必须扣好，有拉链的地方要拉严，就连衬衣最上面的纽扣也必须扣好。女性朋友们一定要不时地检查一下，衬衣胸前的纽扣是否扣得很严实。即使衬衣对你来说太紧了，也不应为了减轻压抑的感觉而解开纽扣或拉下拉链。

那么，怎样才能形成一个良好的形象，让人们尊重你，喜欢你，帮助你呢？女性朋友们需要注意以下几点。

1.得体的装扮

有些人习惯于不修边幅，这本来属于个人私事，不过在一个新环境里，别人对你还不完全了解，过分随便有可能引起误解，产生不良的第一印象。事实上，美国有学者发现，职业形象较好的人，其工作的起始薪金比不大注意形象的人要高出8%～20%。所以，衣着是一种无声的语言，穿着得体，简洁亮丽，能给人一种清爽愉快的感觉。女人要注意衣着和仪容与自己的身份相吻合，要大方得体给人以庄重感。当然，衣着仪表得体并不是非要用名牌服饰包装自己，更不是过分地修饰，因为这样反而给人一种油头粉面和轻浮浅薄的印象。

2.真诚的微笑

美丽而灿烂的笑容不仅能愉悦自己，也可以感染身边的人，给别人带来开心和快乐。而僵硬的表情、虚伪的笑容会令人产生不快的感觉。

3.对别人主动热情

要和别人交往，应该先相信别人、喜欢别人，不然，别人也不会喜欢你。和别人见第一次面的时候，就要表现出欢迎的态度，主动向他热情地打招呼。如果双方一直沉默，那永远只是陌生人而已。

有一位女士最不喜欢安静地待在聚会的角落，因此，每次在聚会

的场合，总会见到她忙碌地在人群之中穿梭，自然随和地与素昧平生的人闲话家常，替他们拿吃的、找位置等。由于她主动向别人打招呼，使得别人对她产生亲切感，即使是较为害羞的人也会自然而然地找她聊天。

所以，你对别人主动热情，别人也会喜欢你。同时，注意一定要以愉悦的心情和他人打招呼，这样才能赢得好印象。

4.凝视对方的眼神

和对方谈话时，不要东张西望，左顾右盼，注意力要集中。一定要和对方保持眼神的接触，这表明你在认真听对方讲话。

5.待人不卑不亢

不亢，就是不骄傲自大。不卑，就是不卑躬屈膝，做出讨好、巴结别人的姿态。前者引起别人反感，后者则有损自己人格。和陌生人交往时，不要因为渴望赢得好感而表现出谄媚的样子。

6.声音要温婉

女人在公共场所千万不要大声说话和嬉笑，要轻言细语，尽显温柔，这样，才能给人轻松舒服的感觉。

7.选择愉悦的话题

谈话时选择一些对方感兴趣的话题，愉悦的话题是很快与对方建立良好关系的技巧之一。千万不要涉及是非问题或个人隐私。作为女性，搬弄是非或批评他人会给人留下很坏的印象，要特别注意避免。

写给女人的心里话

女人要想有一个好人缘，就要在平时从各个方面多修整自己，与人交往时，给人留下好的第一印象，在以后的交际场上就可以游刃有余，结识更多的朋友。

好人脉赢得好机遇

一个人取得成功的时候，我们总习惯说："那还不是他的机遇好！"是的，机遇对一个人的成功非常重要。

在2002年中国百富榜上数十位成功企业家最看重的十大财富榜评选当中，机遇排到了第二位。但是，为什么有的人的机遇就比别人好呢？难道是上苍不公平，偏心了谁不成？其实，机遇对任何一个人都是公平的，不同的是人际关系的不同，人际关系的优劣直接影响到机遇的多少。

你可以没有学历、金钱、背景、机会等，但你不可以没有人脉，因为人脉是一把叩开成功之门的金钥匙。在这个人脉决定输赢的年代，你不要奢望自己像武侠小说中的高手，靠一身武功就能称霸天下，而应该把自己打造成站在巨人肩膀上的英雄。

也许有人会说，有男人在外面打拼就可以了，女人做个贤妻良母，把家里打理得井井有条，不需要什么人脉不人脉的。这种想法是错误的。现代社会是一个交际的社会，女人更需要广泛交际，才能活得更有尊严，更有魅力。大门不出二门不迈型的女人已经不太适合这个日益发展的社会了。

一个人事业的成功，80%归因于与别人相处，20%才是来自于自己的心灵。人是群居动物，人的成功只能来自于他所处的人群及所在的社会，只有在这个社会中游刃有余、八面玲珑，才可为事业的成功开拓宽广的道路，没有非凡的交际能力，免不了处处碰壁。这就体现了一个铁血定律：人脉就是机遇，人脉就是钱脉！

人脉与机遇成正比，丰富的人脉才能为你带来更多成功的机遇。

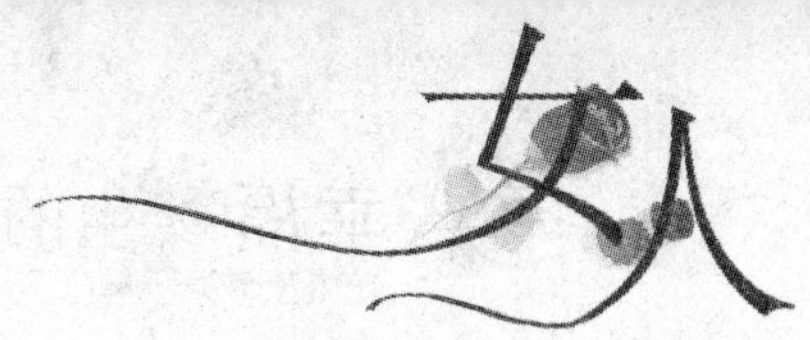

也许你会说你只不过是一名普通的公司职员，每天过着朝九晚五的生活，人脉对自己有多大作用呢？其实，如果你有足够多的关系，一定可以更加顺利地完成这件工作！如果和关键人物建立关系，做起事来肯定就方便多了！

在交际活动中，你认识了别人，别人也认识了你，而在你们友谊发展的过程中，你就有可能获得发展的机遇。

丽娜大学毕业后，应聘到一家报社广告部工作。工作期间，她经常接触到海尔、春兰、百事这样的大客户。她在给他们搞创意或争取版面时很卖力，从来不偷懒，而且还经常征求他们的意见，这些客户对她的态度很满意，因而彼此间关系十分融洽。

后来，丽娜出来单干时自然想到了这些过去的伙伴，春兰空调恰好在该市还没有专卖店，她就跟销售部的负责人谈起此事，当然人家很给她面子，在众多竞争对手条件都差不多的情况下把独家销售权给了她。结果，丽娜的事业一帆风顺，越做越大。

可见，丽娜之所以会取得了不起的成绩，和她广交朋友不无关系。所以，你在公司工作最大的收获不仅仅是你赚了多少钱，积累了多少经验，更重要的是你认识了多少人，结识了多少朋友，积累了多少人脉资源。即使你离开了公司，这种人脉资源依然会发生作用，成为你事业发展的重大资产。

总之，机遇的潜台词就是人脉，因为人脉越丰富，机遇相对就越多。所以，无论你从事什么工作，或者将来是否准备创业，你都需要有意识地去开发人脉，这会对你未来的发展起到事半功倍的作用。

专家认为：人脉的积累是长年累月的，是一种在工作和生活中养成的习惯，并不是一件要刻意定时完成的项目。不管是一条人脉，或是由人脉伸展出去的人脉，都需要长期的付出与关怀，这样才能在看似不经意间逐步建立起自己的人脉网。

所以，我们应该把拓展人脉与捕捉机遇联系起来，让每一次交往都成为提升自己的机会，不断提高自己的交际能力，扩大自己的人脉网，以增加获得发展的机会。

写给女人的心里话

现代社会是一个交际的社会,不懂交际,不会交际的人没有市场,只会和机遇擦肩而过。机遇对任何一个人都是公平的,不同的是人际关系的不同,人际关系的优劣直接影响到机遇的多少。女人要广泛交际,赢得好人缘,才能活得更有尊严,更有魅力。

人脉是女人摇钱的秘诀

我们常常看到很多人与人交往时左右逢源,办起事情来得心应手;可是也有一些人,尽管也努力着想要结交更多的朋友,扩大自己的交际圈,却是收效甚微。其实,不管你是经商,还是在职,想要成功,想要获得财富上的满足,你必须把“人”做好了,把“我”这个基础打好了,其他的一切也就可以迎刃而解了。

香港首位“千亿富豪”李嘉诚挂在嘴边的一句话是:“未学经商先学为人。”他把自己致富的原因归功于他父亲留给他的为人资本。想要拥有更多财富的女人,从现在开始努力吧!学会检点自己的言行,控制自己的情绪,懂得宽容、体谅、乐观、善意,懂得从自身做起,做一个受欢迎的人,才能拥有更多的朋友,才能在人际关系网里左右逢源。

俗话说:在家靠父母,出门靠朋友。一个人和他的朋友的关系,就如同一棵树的树干和枝叶的关系。在你的树干上,那些枝叶就是你的朋友,无论是哪一个叶片,都会给你提供资源,而没有这些叶片,枝干自然无法茁壮成长。所以,多一个朋友多条路,一点都不假。

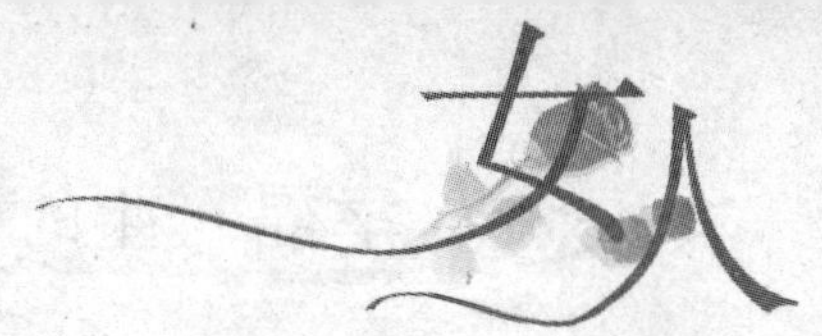

美国石油大王约翰·D.洛克菲勒这样说："我愿意付出比得到任何其他本领更大的代价来获取与人相处的本领。"从这句话中，我们可以悟出一个简单的道理：人际关系是你成长、成功不可或缺的要素。

斯坦福研究中心曾经发表一份调查报告，结论指出：一个人赚的钱，12.5%来自知识，87.5%来自人脉。可是茫茫人海，我们结交什么样的人，才能帮助我们积累财富中的87.5%呢？朋友可以引导你通往辉煌宫殿的财富之路，也可以把你推向通往地狱大门的死亡之路。所以，女人们最关心的问题是：如何结交通往财富之路的朋友，从而避免交友不慎跌入深渊。

下面列举几点，希望能领女人们走上一条正确择友的阳光之路。

1.结交同行业的朋友

不管你从事什么行业，行业信息和动态是你最为关注也是最需要的，所以，结交同行业的朋友，对女人来说，非常重要。现在有很多帮助大家结交同业朋友的渠道，QQ群、博客圈等。加入到同行业的圈子中，自然会遇到许多志同道合的朋友。

2.和成功者成为好朋友

有这样一句话：想要成为什么样的人，就要和什么样的人在一起。

成功人士身上有很多值得我们去学习的品质和能力，他们的成功事例会成为我们不断前进的目标和动力，会成为激励我们改变现在"穷日子"的良好榜样。成功人士还有强大的人际关系网，这些关系的能量或许可以轻松地帮我们解决事业发展中遇到的各种问题。所以，有意识地去接触成功者，和成功人士在一起，你也会成为一个成功者。

3.和老年人成为朋友

老年朋友辛苦大半辈子，走过的路比我们多，吃过的盐比我们多。他们丰富的阅历、宝贵的人生经验对我们的成长、发展有着不可估量的参照作用；他们积累的社会关系，也是一笔无可描述的财富。所以，不要厌烦老年人对我们的絮叨，我们要认真听他们讲述以往的人生故事，这些故事中所蕴涵的生命哲学，是一笔不小的财富。

另外，我们要结交那些待人真诚、积极向上、有正确人生观、品德高尚的人；对那些自私自利、玩世不恭的人则要避而远之，就算对方身价百万，也不要交往。还有，在结识新朋友时，如果对对方的身份不太明了，不要轻易暴露自己的信息，也不要轻易向对方敞开胸怀。

友谊是需要经营的，在大多数情况下，友谊不会一夜暴富。专家建议：朋友之间的关系同样需要维护和经营，平时要多与朋友联系，同时适当拜访，这样可以培养感情。交朋友有功利目的，但并不是朋友间的每一次来往都以利益来估价。友谊的培养需要累积，这样的人脉关系不但能持久稳固，而且会更光亮。

写给女人的心里话

多一个朋友多条路，人脉就是钱脉，多认识一些人，交际圈子广泛一些，对于我们的事业发展，对于我们财富的增长有着巨大的作用。所以，女人不要再羞羞答答，用你的魅力去结交更多的朋友吧。

贵人相助很重要

谁都期盼被成功的光环笼罩，谁都期望在迷茫时得到高人指点迷津，谁都期待在困境时得到贵人一臂之力。因为高人的指点，能帮助你找到方向；贵人的相助，能助你克服困难。

在社会上，如果没有出色的交际本领，没有丰富的人际关系，没有贵人的及时相助，你将举步维艰。对于女人来说，要做成大事，需要许多力量和资源，其中，贵人相助是必不可少的。因为人在成长和追求成功过程中，总会出现若干次拐点，或者低回处。这时候，若能得到贵

人的真心支持，容易走出困境。

有一些女人虽然经济上不怎么富裕，但她们喜欢搭乘头等舱，这不是铺张浪费，而是为了搭建自己更高层次、更高品质、更高价值的人脉网，为自己积累人脉资源，以助自己的事业成功。因为搭乘头等舱的乘客大都是政界人物、企业总裁、社会名流。在他们身上可能会存在许多潜在商机。也许你乘坐头等舱，就可改变自己的人生。

每个人都有强烈的上进心，都希望实现自己的梦想，结果，也许你也成功了。在你实现梦想的道路上，肯定离不开贵人的相助。

美国前总统克林顿在17岁的时候，立志想当音乐家。可是，在白宫遇见了当时的美国总统肯尼迪之后，他改变了志向：他决定放弃当音乐家的梦想，立志当一个政治家，从此改变了他的人生和事业方向。肯尼迪在他的人生事业中发挥了非常大的作用：如果没有肯尼迪，也许就没有前总统克林顿，充其量会多了一个著名的音乐家。肯尼迪是克林顿的贵人。

经过辛苦的努力，几年之后你也许会成功。如果想让成功来得更轻松一点，来得更快一点，马上找贵人来相助吧。

参演《集结号》后，成了一线当红明星的汤嬿就是一个很好的例子。

汤嬿出生于1983年，从南京艺术学院毕业后考入中央戏剧学院，2003年就已经毕业，似乎已经不算是新人了。毕业后的四年里，汤嬿只出演了电视剧《亲兄热弟》以及一部话剧《星期八的幸福》。出演《集结号》后，汤嬿已经成为华谊兄弟力捧的女星。

汤嬿在《集结号》里扮演九连指导员袁文康的媳妇，后来又嫁给了邓超，是一个朴实的农村少妇。参加选角时，看到“一屋子人都比自己漂亮”，汤嬿当时就觉得没戏了，不过她也没怎么难过，“反正已经讲好了，选不上也给报销飞机票。”见冯导时，汤嬿自说自话讲起了自己被同学骗钱的事情，说着说着哭起来，慌得冯小刚连忙说，“小少奶奶，别哭了。”冯小刚觉得汤嬿没有明星相，倒是正好符合角色需要，由此汤嬿顺利入选。

拍了4天《集结号》后，华谊兄弟准备和汤嬿签约，谁知她却表示要考虑一下。汤嬿先打了电话给爸爸，然后又问了冯小刚，冯导一句“这是多好一事啊”，让汤嬿终于放心地签了约。

汤嬿得到冯小刚的提携，不仅得到了重要的角色，也顺其自然地得到了空前关注，国内外的大量宣传和活动让她的消息频频见诸媒体，想不红也难。

贵人是你生命中的开路先锋，是你事业上的导师。找一个贵人相助，比你做的任何决定都来得重要。因为，贵人会让你省下非常多的时间，走对方向，少走弯路。那么，如何选择贵人呢？

首先，你要学会主动出击，多结交一些朋友，尽量多认识人。因为你所认识的人也越多，认识贵人的可能性就越大。然后，在贵人身边做事，你将会学到很多东西。其次，与生命中的贵人一起合作，毕竟站在巨人的肩膀上，成功来得比较容易。

选择贵人后，如何与贵人交往呢？

1.尊重对方

准确把握双方关系，给其以相应位置，充分表现出你对他的尊重。这是对双方关系的确认和定位，也是对对方渴望受尊重愿望的满足，必须严谨有致，不可苟且。

2.不要奉承

阿谀奉承，虚情假意，夸大其词，别有用心，只能让人反感、嫌恶、痛恨。所以，对尊贵者不要阿谀奉承。

3.态度自然

尊贵者无论地位，还是阅历、学识，都高我们一等。与他们交往，常令我们肃然起敬，有时我们还有一种威压感。其实，尊贵者也是我们平等的交际对象，也是一种自然的交往关系，我们一方面要尊重对方，另一方面也立足于自己，守住方寸，保持本色，自然而正常地交往，不必拘谨。千万不要表现出一副窝窝囊囊、畏畏缩缩的样子，否则会让前辈大失所望。

4.不可狂妄

尊贵者是交际的主角，我们则是配角，处于次要地位。我们要积极支持尊贵者，热情配合尊贵者，服从需要，听候调遣。这是合乎交际现实的，还会取得尊贵者的信任。反之，如果你不恰当地显示自己的能耐，抖弄自己的才华，以至背弃、排挤尊贵者，往往适得其反。

5.主动真诚

尊贵者一般不会主动与我们交往，我们作为平常人，要主动积极，充满真诚，先迈出一步，做出友好的姿态，这是尊长敬上的美德，也是交际的惯例，必定会为你赢得不同寻常的友情。

6.接受呵护

在尊贵者面前，我们要显得很弱小稚嫩，接受并求得呵护。需要注意的是，寻找呵护一要尊重尊贵者的愿望，二要适度得宜，不可仰仗、依附于尊贵者。

凡事都有成败，成败都有原因，许多失败源于自身努力不够，不够勤勉，不够执著。只有自身努力到位的人，才是值得帮助的人，当你身处困境时，就一定会出现贵人助你一臂之力。贵人的可贵之处在于他那一双识别英才的慧眼。一个不值得一帮的人，一个跌倒了就扶不起来的人，就是扶不起的阿斗，是不会得到贵人的垂青、贵人的助力的。

写给女人的心里话

贵人是一个人生命中的开路先锋，是事业上的导师；贵人会让你省下非常多的时间，走对方向，少走弯路。所以，女人在自己奋斗的同时，要积极寻找贵人相助。

至少拥有一个闺中密友

生活中，人人都离不开友情，你可以没有爱情，但是你决不能没有友情；一旦没有了友情，生活就不会有悦耳的声音，就如死水一滩；友情无处不在，它伴随你左右，萦绕在你身边，和你共度一生。

我们常常在酒吧的灯光下，在茶坊的藤椅里，或者是午后的广场长椅上，看到三三两两的女性，她们手挽着手在一起，悄声地、细碎地、委婉地说着什么。

世间最美好的事，莫过于有亲如姐妹的好友，这种朋友有一个温暖的名字，叫“闺中密友”。这里说的“闺”，不单单指闺阁、闺女、闺房的“闺”，而是指一个女人在她漫长的一生中，那点只有同性之间才明白和理解的闺中情怀，说白了，就是女人说私房话的对象。闺中密友的话，是永远说不完的故事——宛如女人的头发，扎上去，放下来，没完没了……

闺中密友，就是那个能和你一起哭笑，一起打闹的疯丫头；闺中密友，就是那个你恋爱时为你传递消息的小红娘，你出嫁时为你选嫁衣做伴娘的“花仙子”；闺中密友，就是和你一起做头发，一起逛街的那个小女人；闺中密友，就是陪你一起喝咖啡，一起听歌剧的那个高雅淑女；闺中密友，就是能随意出入你的闺房，跟你一头卧，一头眠，同床共枕，无话不谈的良朋知己。

在钢筋水泥的丛林中生活的都市女性，本来就时常感到空气有些冰凉，感情有些脆弱，此时如果有一二知己常聚在一起煲个“心灵鸡汤”，既能清除心内垃圾又可坐享其成他人的智慧，说不定还能使小女子的生活从此像夏花一样绚烂。何乐而不为呢？

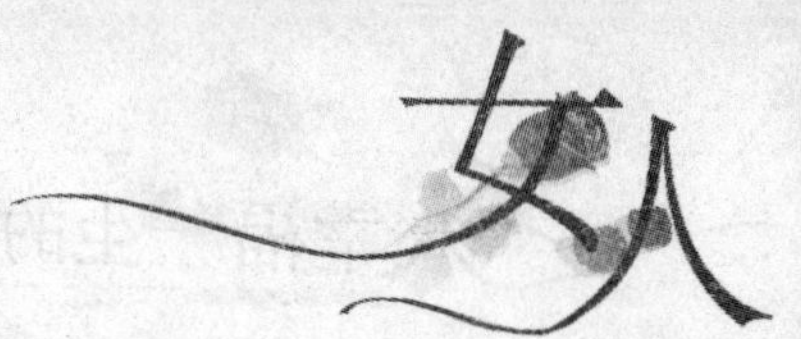

生活中难免会有磕磕碰碰的时候，很多女人都体会到来自于闺中密友的幸福。有了那种喁喁私语、亲密无间的女朋友，她会在你受到委屈、误解、伤心时耐心地倾听你的苦恼，给你以安慰；在你遇到困难，经受困苦，需要帮助时，她会无私地伸出双手，给你以帮助。交了这样的女友真是应该珍惜。

女人需要一个闺中密友，分享心事、宣泄苦乐，但谁都知道，对于女人来说，找到一个真正的“红颜知己”，实属不易。那么闺中密友从何而来？

看过《樱桃小丸子》的人肯定记得那个小玉吧。穗波小玉，小丸子最要好的朋友，与小丸子一起回家，一起吃便当，是小丸子的同桌，她的最大愿望是同小丸子永远在一起。

在你的生命中，是否也有一个如小玉一般的朋友？这一类的闺中密友，多来自童年或读书时代的同学、邻居，因为知根知底，成了知音。这样的密友，是你一生的影子，自己走得再远，她还跟在你的身后。

另外一种闺中密友，是在你成长的过程中，或在你为事业拼搏的过程中，因为偶然的原因相识相知的。还有一种闺中密友，并非两人间有多大的共同点，或是曾经一起经历人生的风雨起伏，在她面前，你可以放下所有的伪装，你可以袒露许久以来难以启齿的秘密。

女人与女人之间的友情是两条舒缓的小溪，自然而然，汇聚成清澈的河流，你中有我，我中有你，润物无声，友情里承载着水的细腻，丝的柔软。但随着时间的推移，你慢慢地就会发现，童年和读书时的密友，也会因为现实、家累、世俗以及双方地位和收入的差异，而渐渐淡化。

在网上看到这么一对闺密。

十六岁那年，我们一个来自山里一个来自海边，却有幸踏进同一所校门，安排在同一间寝室，成了上下铺的同时也成了好朋友；食堂里常看阿娇买双份的饭菜，琴房里总见我占两个位置；我们形影不离，无话不谈。

去阿娇家，是毕业两年后的暑假。她微笑着在车站接我，纯白的短袖，纯白的西装短裤，披了件淡黄的纱质外衣，一头男孩般短发洋溢着青春与活力。健康、热情、率真一如从前。

大热天，我们骑自行车去当地的保国寺。寺中少有游人，静静的。日光下，林间小路树影斑驳，除了鸟叫虫鸣，便是我们的谈笑声。下山后，我们在寺边一老婆婆的茶摊喝茶。茶摊简易，只在露天摆放两张旧木桌和几张旧竹椅。因了暑热，因了老婆婆慈祥的笑，更因了我们的重逢，粗茶两杯如饮甘露，简易的设施也成了我们眼中一种格调。当时木桌边留的合影，是多年来我品了又品后，认为最真切最自然的一张。

当晚，我们挤一张床，谈了一宿的话。那些话题，或有可跟普通朋友叙说的，或只有知己间会坦言的。

次日清晨的车站中，一向开朗的阿娇相送无言，回避看我，她只悄悄用手拭了拭眼角。我的鼻子蓦地一酸，雾气蒙了眼。我们之间的情谊都融在了这红颜泪水中。

其后四年，我们各去工作所在地看望过对方一次。为人妻母后，有过长长的一段时间，我们未作任何联系。这年岁末，在书店中偶见节日贺卡，才突然发现自己三年中竟没寄过一张，忽视了所有的友情，甚至阿娇的。家庭、孩子，所有的事由不足以抵消我深深的愧责。阿娇已换过单位，未得详细地址，只能寄希望于她爱人的单位没变。匆匆去传达室，搬出厚厚的几本邮政编码查询簿，给她爱人发了张贺卡并让他转交给阿娇。

阿娇回信中问："全家好吗？阳阳上学了吗？"时光荏苒，儿子阳阳已从蹒跚学步的小不点长成伶牙俐齿的小学生，阿娇称呼他却依旧很自然，仿佛自己家中时常可见的某个小侄儿或小侄女。真正的友谊，经得起时间的考验啊！

悠悠岁月，人们总是因为忙碌而忽略了友情。其实，人生难得有几个真心朋友，一句简短的问候便可以弥漫满室的温馨。

其实，女人在她的一生中，总会有那么一个或几个密友，哪怕她历

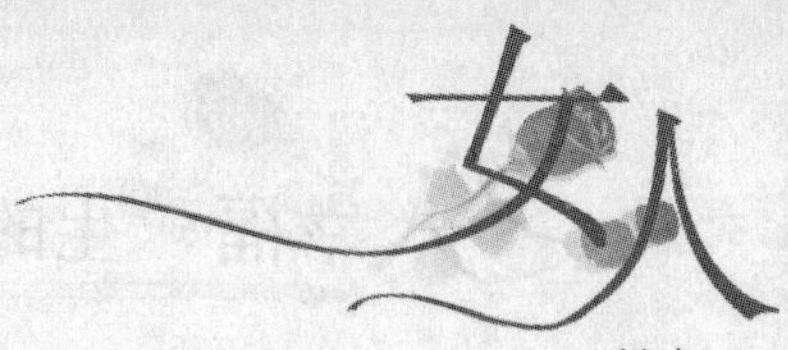

尽风霜、子孙满堂，都不会妨碍她们的交往。

另外，需要注意的是，女人间的友谊，关键在于把握好分寸，亲如闺中密友，也应该有一定的距离，这样，才会让你们之间的友谊长久保鲜。还要尊重对方的隐私，不要把“无话不说，无所不谈”作为情深的最高标准，是否为知己，不在于言语的多少，关键在于理解。

写给女人的心里话

一个人拥有几个知心朋友是一生的幸运，每一个女人，在她漫长的一生中，一定要拥有几个亲如姐妹的好友。她会在你受到委屈、误解、伤心时耐心地倾听你的苦恼，给你以安慰；在你遇到困难，需要帮助时，她会无私地伸出双手，给你以帮助。闺中密友的情分，细细绵绵，悠悠长长，一辈子也倾诉不尽。

寻找自己的蓝颜知己

生活中，因为世事纷扰，无论你是白领丽人，还是家庭主妇，女人有时候需要有一个人，在烦恼时，诉说心曲；在开心时，分享乐趣；在失意时，鼓励你振作……这个人并一定是你的老公，因为老公爱你，但他不一定懂你；也不是你的闺蜜，因为她可能懂你但不一定能包容你。这个人就是我们所说的蓝颜知己。其实，蓝颜知己就是在老公与男朋友之下，在其他男性朋友之上的男人。

每个女人的骨子里都有这样一个情结：想拥有一个蓝颜知己。他不是丈夫、不是情人，而是居住在你精神领域的那个人，他不一定英俊，也不一定要比你年长，但他一定成熟、睿智、善解人意。他有男子汉的宽怀气度，也有男子汉的柔肠侠骨。你和他探讨人生、社会，畅谈理想、心情，你总是没完没了地倾诉，他无论什么时候总是默默地倾听你的心声。这种蓝颜知己，比情人少一点，比朋友又多一点，彼此之间有说不清的微妙感觉。

33 岁的李女士是一名编辑，说道蓝颜知己，她这样说：老王是我的发小，我认识他比我老公要早 20 年。我们曾住在同一条胡同里，穿开裆裤一起长大。家里的长辈也曾经暗暗撮合过我们俩，但我们之间没有那种爱的感觉。结果，弄得大家感觉怪兮兮的。再后来，我们都各自成家了，对于同是独生子女的我们来说，相互间的感情变成了兄妹和朋友的关系。虽然不常见面，但我们还是会电话联络：在我和老公争吵的时候，他来主持公道；在我无助的时候，他会毫不犹豫地拔刀相助……

每个人的内心都有一个属于自己的角落，而蓝颜知己恰恰能真正走进你内心，解读你的失意，明白你的渴望，给你温暖的感觉。

但男人与女人，在生活认知上有太多的差异，日久生情的故事无处不在。女人的蓝颜知己是带着暧昧色彩的。说是纯洁的，其实绝不会纯洁到没有半点身体接触，绝对不会是没有碰触过手指的。因为有了身体初步的接触，才会在两个人之间产生暧昧的情绪。但男女的交往，只要把握好度，我相信会有真正的友谊。

菩提本无树，明镜亦非台。

本来无一物，何处惹尘埃。

这佛家偈语让世人明白：只要你的心是坦荡无私的，你的眼中的世界也就是清澈透明的。男女间的友谊也是如此。所以我们的人生需要蓝颜知己！

或许你一直感叹这个世界上好男人真是越来越难找，而想找一个可靠的男性知己更是难上加难，找到一个蓝颜知己的关键是——既要有一双慧眼，又要把握好分寸。什么样的男人才是蓝颜知己的最佳人选呢？下面为你推荐十种优秀类型的男士。

1.才智过人的男人

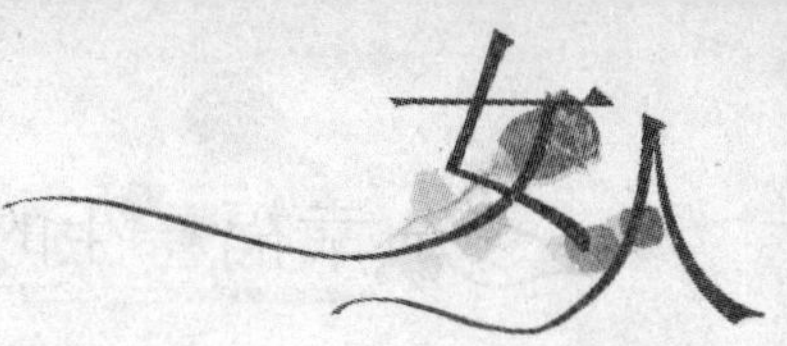

这样的男人不论对你的事业还是生活都会有引领的作用，使你得到一个更好的看问题的角度，帮助你完善自我。

2.志趣相投的男人

拥有共同的语言，无疑是最容易引为知己的条件。

3.情感单纯的男人

和单纯的男人相处，会让你放下戒心，比较容易投入。

4.健康快乐的男人

快乐的人是谁都不讨厌的，特别是俗务缠身，还能保持一颗健康快乐心的男人，他的人生必定是积极的，会带给你快乐，帮你释放压力。

5.直言不讳的男人

绝对是知己的最佳人选，中肯的意见让你在一大堆令人头脑发热的奉承声中清醒。

6.心地宽厚的男人

宽厚的胸怀比宽厚的肩膀更有用，当你举步维艰的时候，这种包容的温暖是无可替代的。

7.愿意倾听的圈外人

处于不同的社交圈，自然会以旁观者的身份看问题，而不带有个人色彩，而且很多时候，你需要的也只是一个好的听众。

8.细腻的新好男人

中性的情感以及敏感的心灵让他更容易懂你。

9.淡泊名利的男人

以一种平静态度看人生、看世事，低调并不代表着不优秀；相反，他会带给你一些更从容的态度和启发。

10.人品过硬的男人

和这样的男人交往，即便很亲密，也不会带来闲言碎语，干扰你本来很平静的生活。

写给女人的心里话

做朋友得一生，做情人只得一时，蓝颜知己是女人生命中的一种财富，值得一辈子好好珍惜。只有把握好尺度，彼此之间保持距离纯真地交往，就会得到真正的友谊，一生拥有这个难得的知己。

与朋友交往要保持一定的距离

一个女人要想赢得朋友，建立好的人际关系网不是一件容易的事情，同时，要想维护这张网，维持长久的友谊也不是一件很容易的事情。在人际交往中，两个人就好像两条铁轨，平行着才能走远。在交往过程中，要保持一定的距离，距离产生美。

有这么一个故事：一群豪猪在洞内取暖，外面下着大雪。豪猪们非常冷，于是就挨近一点，但是却被同伴身上的刺给刺痛了，于是又分散了一点，可是又觉得冷，就又往里挤，可是又被刺痛了，接着再向外挪一点。于是，在不断的挤挨中，豪猪找到了最佳距离，既不会刺伤同伴，又不会失去温暖。

我们在生活中也要和朋友保持距离。因为太近了，朋友的锋芒会刺伤自己；太远了，自己又感受不到朋友的温暖。

王小姐是一名白领丽人，她有很多女性朋友，由于王小姐平时的上班生活比较封闭，所以特别依赖这些朋友，一到周末或者晚上下班，她就会给朋友们打电话，说的内容都是自己在职场上遇到了怎样的烦心事，老板怎样又批评她了，凡此种种。她的朋友有的耐心听她诉说，但最后终于因为影响自己的生活而对她有所拒绝，王小姐感觉

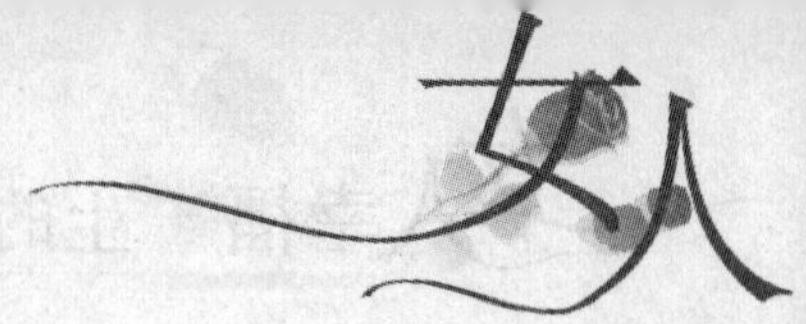

受到了伤害，她不明白，自己明明是信任朋友才说的，朋友怎么这么冷漠？

其实，与朋友如果亲密无间，很容易产生摩擦和碰撞，还容易给对方带来心理压力。王小姐就是这种情况，她意识层次想的是自己信任朋友，但其实她是把对方当做情绪垃圾桶，不断向对方倾诉也就是不断给对方带来新的压力，这样做一次两次还行，时间长了朋友肯定受不了，但王小姐却没有意识到。

马克思说，做任何事都要把握好分寸，掌握好火候。与人相处也是一样，任何人都需要有自己的空间，再要好的朋友也要注意保持一定的距离，有一些事情是只能自己记在日记中的，所以对同伴的生活了解即可，别人没有意向告诉你的，最好不要追根问底。

与朋友适当保持距离，友谊便更进一步。那么，什么是保持距离呢？简单地说，就是不要过于亲密，每天都形影不离。也就是说，心灵是贴近，但肉体是保持距离的。朋友相处，重要的是双方在感情上的相互理解和遇到困难时的相互帮助，而不是了解一些没有必要的东西。

常言道："逢人只说三分话，未可全抛一片心。"在结交朋友的时候，不要轻易把自己完全暴露给对方，过于坦诚，对友谊并无多少好处，何况你把自己完全"交给"对方，对对方本身就是一种负担。但是，有的人为了表明自己对朋友的信任，把自己的一切情况观念和盘托出，这种做法是一种极为冒失的行为，如果你所结交的朋友是一个值得信赖、品行端正的人，可以说你走运，万一对方是居心不良的人，情况就会使你大伤脑筋。

什么事情都有限度，如果和朋友走得太近，太过不分彼此，只能给你带来不必要的麻烦。距离是遥远的，但是距离却可以拉近两个人的心。朋友，就是这样，距离能使我们看清别人的心，也能使我们看清自己的心。

那么，如何才能把握好人际交往的距离呢？

1.尊重朋友的个人秘密和个人隐私

虽然朋友之间朝夕相处，亲密无间，但也会碰上有些朋友不愿说出来或者不愿让人知道个人秘密。在这种情况下，就不要好奇地打听、询问，更不能要求朋友一定要讲出来，应该主动地回避这个问题。即使无意中知道了朋友不愿让别人知道的秘密，也不要若无其事，更不能传播张扬。“水至清则无鱼，人至察则无徒”，过分挑剔的人不会有朋友。所以，在朋友的个人秘密和隐私面前，保持适当的距离，才能维持友谊。

2.尊重朋友的独立人格，极力维护朋友的尊严

尊重朋友的独立人格就是要尊重朋友在性格、兴趣、爱好、习惯等方面与自己的不同，不能强人所难，强求一致。维护朋友的尊严，就要学会在不同情况下如何保护好自己的朋友。不要干涉朋友的独立选择，不随意嘲笑朋友，如果认为朋友之间亲密无间，就大大咧咧，随随便便，久而久之，就会破坏友谊，无意中使朋友受到伤害。

3.交际往来要有“度”

在生活中，任何过头的东西都会走向它的反面，正所谓物极必反。朋友之间的交际也是如此，过往甚密，反而容易出现裂痕；而把握适中的度，才能使朋友间的友谊成为永恒。朋友间的交往，无论是相处的时间次数、距离等，都要把握好尺度，才能达到“意犹未尽、情犹未了”的意境，才会因朋友的到来而欣喜，因朋友的离去而思念。

写给女人的心里话

距离的存在能给人以美的享受，身为女人，要注意培养自己拉开一定距离看人的习惯，“雾里看花”才能有美的意境，才能享受到交往带来的好处。所以，和朋友保持一定的距离，既能让我们看清别人的心，也能让我们看清自己的心。

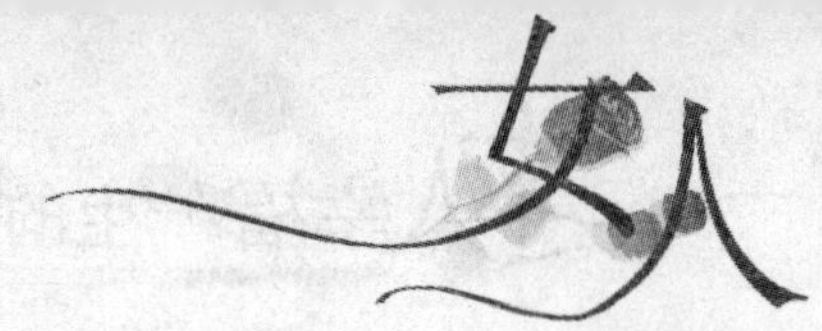

保护好自己的隐私

每个人心中都有不愿告人的秘密，出于自我保护的意识，我们通常把它深藏在自己的心里，这就是通常说的隐私。一个人的隐私一旦泄露出去，就像计算机被病毒入侵一样，对当事人会造成难以估计的伤害和影响。所以，为了自身的安全起见，一定要保护好自己的隐私。尤其，对于职场女性来说，更应该如此。

职场是一个充满激烈竞争的地方，是一个人人削减脑袋追求自己最大利益的场所，如果你让他人了解到你的弱点甚至隐私，等中伤你的流言飞语向你袭来时，后悔也来不及了。在职场上，和同事搞好关系是必要的，但不要把同事当成无话不谈的好朋友。因为职场上“没有永远的朋友，只有永远的利益”。

很多女人都以为和自己的上司什么都可以说的，殊不知这也是一种隐性的炸弹。如果你觉得和自己的上司谈一些隐私方面的话题便可以借此拉近彼此距离的话，你就大错特错了。

小刘刚入职场的时候比较天真，有一天，她去给上司交报表，在办公室门口不巧撞见上司在电话里和丈夫吵架的场面，上司看到小刘的时候两个人别提有多尴尬了，小刘看到这种情景赶忙退了出去，顺便替上司把门关上。

其实到这里为止，小刘已经把事情处理得很好了。可第二天，小刘在食堂碰到上司的时候又多嘴地问了一句“没事了吧？”，上司的脸色立马变了。小刘知道是怎么回事，回去的时候还和同事提到了这件事情，同事说：“老板的秘密是不希望被自己的员工知道的，而且你看到的又不是什么好事。”碰巧的是，同事也是公司的大喇叭，喜欢八卦谈论别人的隐私。这样一来全公司的人都知道了上司跟丈夫不和的事情了。

许多秘密是不能谈论的，即使能谈论，也要注意谈的技巧和场合。比如：不是所有私密话题都适合和同事分享的，话题涉及隐私的跟大家说太多会给自己带来意想不到的麻烦。给人留下不礼貌的印象、让人觉得你是一个口无遮拦、办事不稳重的人。小刘就没有意识到这一点，结果弄得上司很尴尬。

职场隐私关乎你的事业成败，身处职场的女人要懂得“管好自己的嘴巴”，没有根据的闲话少传，否则，传来传去，职场中是不可能会有秘密的。而职场中的闲话，往往又都是一篇糊涂账，最后谁倒霉，这都是说不准的事。赶上哪天点儿背，背黑锅的人，就是你！

其实，隐私本身也是一个相对而言的概念，同一件事情在一个环境中是无伤大雅的小事，换一个环境则有可能非常敏感，要随时注意保护自己立于安全地带。在办公室里保护隐私一来是为了让自己不受伤害，二来是为了更好地工作。最好谨记以下几点。

(1)没有不透风的墙，不要在公司范围内谈论私生活，无论是茶水间、洗手间、走廊还是电梯。

(2)即使是私下里，也不要随便对同事谈论自己的过去和隐秘思想，除非你准备离开这家公司。

(3)如果你和同事成了好朋友，也不要在大家面前和他亲密接触，不要表现出拉帮结派。

(4)不要在同事面前表现出和上司超越一般上下级的关系，尤其不要炫耀和上司及其家人的私交。

(5)对喜欢打听别人隐私的同事要“有礼有节”，一个巧妙的回答不但不会伤害同事间的和气，还保护了自己不想谈论的事情。

(6)不要草木皆兵，工作之外的问题全部三缄其口，这样便很容易让人以为你这个人不合群不近情理。有时候，拿自己的私人小节自嘲一把，会让人觉得你有气度、够亲切。

总之，进入隐私时代，女人应该有点“隐私意识”。“见人只说三分话”，你说这是诡计，但有些时候，女人应当时时谨记！只有这样做，你才能在职场游刃有余，赢得好人缘。

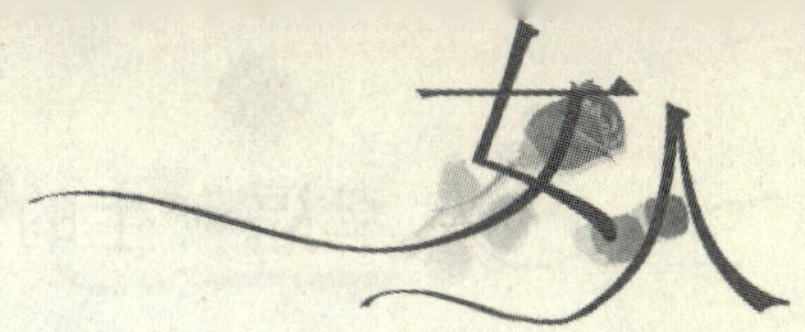

写给女人的心里话

每个人都有秘密。有些秘密是温馨的、值得回味的。有些秘密是酸涩的、折磨人心的。面对秘密，人永远无可逃匿。为了自己的幸福，面对那些不能说的秘密，广大女同胞要设一堵防火墙，让它在心底最柔软的地方免受侵害。

做一个善于倾听的女人

哲人曾经说过：造物主给了我们两只耳朵一张嘴，就是要我们多听少说。在人际交往中，倾听是对别人的尊重和关注。专心听别人讲话，是你所能给予别人的最有效的，也是最好的恭维。

心理学研究表明，人在内心深处，都有一种渴望得到别人尊重的愿望。倾听是一种技巧，是一种修养，甚至是一门艺术。一个善于倾听的女人无论走到哪里都会受到欢迎，一个不善于倾听的女人则可能处处碰壁。

卡耐基曾经说过："做个听众往往比做一个演讲者更重要。专心听他人讲话，是我们给予他的最大尊重、呵护和赞美。"所以，倾听是这个世界上最美的行为。女人学会了倾听，就如同鹰儿学会了飞翔。

更重要的是，善于倾听的人常常会因此拥有非凡人脉，从而使自己在事业上有意想不到的收获。古今中外，很多善于倾听的人，都借此拥有了非凡的人脉，从而为自己的事业发展获得了源源不断的推动力。齐桓公善于倾听，才有了春秋霸业；唐太宗善于倾听，才有了贞观之治；蒲松龄善于倾听，才有了《聊斋志异》的问世；刘玄德善于倾听，才鼎足天下。反之，不善倾听者，如袁绍、吕布等一时枭雄，其下场只能是含恨而终。

专家研究发现,通常情况下,人际交往的成败,并不在于我们说话的时间长短,而在于我们应该说什么。也就是说,人际交往的失败往往是由于我们说话失误引起的。而说话的失误,却往往是由于我们听得太少或者不会倾听。

一位外交官的太太曾细述她丈夫初涉外交界带她出去应酬时,她在那些场合多么尴尬。她说:“我是个小城市来的人,而满屋子都是口才奇佳、曾在世界各地住过的人。我拼命找话题,想以此迎合气氛,表明自己的存在。”

一次,她终于向一位不大讲话但深受欢迎的资深外交家吐露了自己的问题。外交家告诉这位太太说:“每个人说话都要有人听。相信我,善于聆听的人在宴会中同样受欢迎,而且难能可贵,就好像撒哈拉沙漠中的甘泉一样。”

而下面的这位太太就是一位很好的倾听者。

在一个晚宴上,有一位太太见到了一位著名的植物学家。她坐在椅子边上,倾听这位植物学家谈论大麻、室内花园,以及关于马铃薯的一些惊人事情,一直谈了好几个小时。午夜来临了,这位太太向每一个人道别。那位植物学家对这位太太说,她是“最有意思的谈话家”。可是在这段时间里,这位太太几乎没有说过什么话,只做到了专心地听讲。

可见,这种专心听别人讲话的态度,是我们所能给予别人的最大赞美。

那么,倾听是不是就意味着坐在那里听对方说个不停呢?答案无疑是否定的。轮到你发言时,你没有必要一直说下去,要学会适可而止,把说话的机会奉还给别人。

俗话说:“会说的不如会听的”,这里的“会”字,就表示倾听也有技巧。而实际上,听不仅需要技巧,更是一种比说还要高深的学问。通常情况下,要想成为一个好的听众,必须掌握以下“听”的要领。

1.面带微笑

人们常说:“没有笑脸的人不要开店。”微笑会使两个陌生人成为

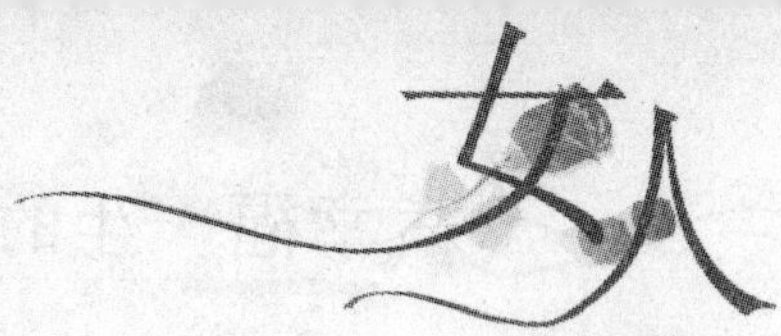

朋友，这对魅力女性尤为重要，会让你赢得好人缘。

2.专心致志

听人说话时，要全心全意地聆听，设法撇开令你分心的一切，不要理会周围的噪声，忘记你当日要做的所有事情。眼睛要看着对方，点头示意或打手势鼓励对方说下去，借此表示你在用心倾听。只有这样，我们才能够紧跟对方的思想，发现对方的真实想法，从而在交流时做到有的放矢，引起共鸣。而心不在焉、东张西望的聆听不仅是对他人的不尊重，还会引起他人反感，从而影响双方的交往。

3.礼貌谦虚

不管对方说得是否正确，我们都应该在对方说完之后再发表自己的意见，绝对不可以中途插嘴，一吐为快。因为随意打断他人、任意发表意见或者嘲笑对方都是极为失礼的表现，其结果也只能是引人反感、被人讨厌。

4.自然大方

每个人谈话时身子都要稍稍前倾，当对对方所说的感到有兴趣时，都会很自然地倾身向前，以表示仔细聆听。倾听的最好姿态是在椅子上坐着，稍微向他那边倾身，不要像在家里看电视那样坐在椅子里。好的姿势是倾听的必要条件。

5.学会听出言外之意

善于倾听的女性必须要学会听出言外之意。一位生意兴隆的房地产经纪人就认为：自己之所以成功，在于不但能细心聆听顾客讲的话，而且能听出他们没讲出来的话。

面对高昂的房价，一位顾客说："哪怕琼楼玉宇也没有什么了不起。"可是说的声音有点犹豫，笑容也有点勉强，那经纪人便知道顾客心目中想买的房子和他所能买得起的显然有差距。于是，经纪人练达地说："在你决定之前，您不妨多看几幢房子。"结果皆大欢喜。顾客买到了他能买得起的房子，生意成交。

6.适时提问

适时提问是一种倾听方法，凭借着你提问的问题，让对方知道你是在很仔细地倾听他的谈话，有助于双方相互沟通。

7.必要的沉默

沉默是人际交往的一种手段，但一定要运用得体，不要不分场合地滥用沉默。而且，沉默一定要与语言相辅相成，才能获得最佳的效果。

8.注意互动

听别人说话并不是一味地坐着不动，作为一个聆听者，你必须注意他在说什么，并适时地用简短的语言（如“对”“是”等）或者点头、微笑等动作与对方进行互动，表示双方所见略同。

写给女人的心里话

一个善于倾听的女人无论走到哪里都会受到欢迎，一个不善于倾听的女人则可能处处碰壁。学会倾听应该成为每个渴望事业有成和家庭幸福女人的一种责任，一种追求，一种自觉。

女人在社交场合要注意的小毛病

一个女人的外貌可以不够漂亮，但是一定要注意自己的仪态与风度。因为粗俗浅薄的行为必然难以让人接受，即便你是个漂亮的女人，如果举止不雅，也会损害自己的形象，无法在社交场合受到别人的欢迎。

容貌是天生的，但“三分长相，七分打扮”，我们可以在后天学会打扮自己，注意自身的形象，让自己更受欢迎，更具有女人味，所以，作为女性，要想织好自己的人脉网，绝对不能对那些影响自身形象的坏毛病视而不见。

丽丽是一个非常漂亮的女孩子，在公司举办的舞会上，她一入场就吸引了所有男士的目光。男士一拨又一拨地邀请她跳舞，让丽丽出

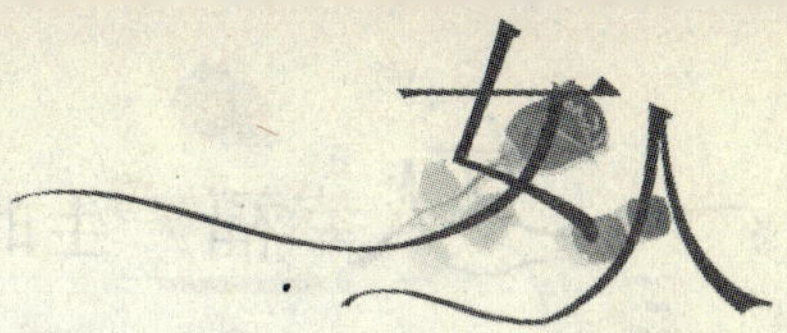

尽了风头，但她在别人心中在的形象却一落千丈。因为，丽丽是个话唠，即使在和男士跳舞时，也闭不上自己的嘴巴。同事之间的矛盾，某某人的隐情，甚至连自己的隐私都成了她津津乐道的话题。结果，她的这些言行把那些有点品位的人都吓得逃之夭夭了。

女人要想有好的人脉关系，一定要注意自己的形象，丽丽就是一个特例，她话痨的毛病，让自己成为了孤家寡人。为了避免在社交场合给人留下不好的印象，女人需要注意不能出现下面的小毛病。

1.着装要适宜

在不同的工作环境、不同的社交场面，要变换不同的服装。如果你穿职业套装去参加舞会，肯定会让人笑掉大牙。所以，适宜的服装不仅是对别人的尊重，也会为你的形象增分添彩。

2.不要耳语

耳语被视为不信任在场人士所采取的防范措施，在众目睽睽之下与同伴耳语是很不礼貌的事，人们会对你的教养表示怀疑。

3.不要滔滔不绝

在宴会中若有男士对你攀谈，要保持落落大方，简单回答几句即可。切忌向人“报告”自己的身世，或详加打探对方的情况，否则会把人家吓跑，自己也会被扣上长舌妇的帽子。

4.不要失声大笑

即使你听到“惊天动地”的趣事，也要保持仪态，报以灿烂笑容即可，千万不要放声大笑，否则就贻笑大方了。

5.不要说长道短

在社交场合说长道短，揭人隐私，必定会惹人反感，让人敬而远之。

6.不要木讷肃然

在社交场合中，面对陌生人就俨如哑巴也不妥当，因为一脸肃穆的表情，跟欢愉的宴会气氛格格不入。你可以由交谈几句无关紧要的话开始，待引起对方及自己谈话的兴趣时，便可自然地谈笑风生。

7.不要打哈欠

打呵欠给人的印象：你不耐烦了，而不是你疲倦。所以，当与人谈话时，即使感到疲倦了，也要按捺住性子让自己不打哈欠。

8.不要大煞风景

参加社交宴会，别人期望见到一张可爱的笑脸，即使你情绪低落，表面上也要笑容可掬，和在场的人们周旋。

9.剔牙要注意形象

宴会上，难免有剔牙的小动作，剔牙时不要露出牙齿，而且不要把碎屑乱吐一番，最好用左手掩嘴，头略向侧偏，吐出碎屑时用纸巾接住。

10.不要抖动双腿

这种小动作，虽然无伤大雅，但双腿颤动不停，令对方觉得不舒服，而且也给人情绪不安定的感觉，这也是失礼的。

11.不要忸怩忐忑

假如发觉有人注视你——特别是男士，也要表现得从容镇静。如果对方跟你有过一面之缘，你可以自然地跟他打个招呼，但不可过分热情。如果对方跟你素未谋面，你也不要太过于忸怩或怒视对方，可以选择离开他的视线范围。

12.妆容不可过“度”

化妆不仅可以美化自己，同时也体现了对别人的尊重。但是，浓妆艳抹，不仅有损于皮肤的健康，还有损于别人的观瞻，因此，妆容要坚持美化、自然、协调的原则。

写给女人的心里话

女人要想有好的人脉关系，一定要注意自己的形象，尤其是在社交场合，典雅而不落俗套的装扮，才能备受青睐，给别人留下美好的印象。

第七个忠告 避免职场伤害，将价值发挥到极致

为人处世是一门高超的艺术，熟练地掌握并且恰到好处地发挥运用它，对每一个渴望成功的女人都大有裨益。身在职场的女性要避免职场伤害，将价值发挥到极致，就要学习一些做人做事滴水不漏的处世智慧。因为大凡处处受人欢迎、招人喜爱的女性，都是处世高手。有她们在场，各种事情都不难摆平，各种局面都不难掌握，各种人物都不难应对。

办公室女郎如何应对男上司的性骚扰

每个职场女性都想得到上司的欣赏，同时又要提防过度“欣赏”，当上司频繁邀请你外出，或过度和你近距离接触时，你就要小心注意了，因为在以后的日子里，他很快就会有所行动了。

一位王小姐这样讲述道：

我刚进入到一家新公司里上班，这是一家我心仪已久的大公司。里面竞争激烈自不用说，各种人际关系也纷繁复杂。

进公司不久，我就遇上了这样一个男人，他是我们部门的一个小领导，一个三十多岁的已婚男人，有老婆有孩子，长相不错，斯文有礼。刚刚进公司时他就对我表现出了很大的热情，不过当时我看在眼里，总觉得那是领导对下属的关心，心底里，还暗自庆幸自己遇上了这么个好上司。

有一次，他开车顺路送我回宿舍后，又买了一大袋水果送上楼来，我表示感谢，他走的时候我在门后跟他道别，感觉到他的手碰到了我的大腿，我以为这是错觉，要不就是他不小心碰到的，这么儒雅的一个人，怎么可能这么低级地揩油呢？

后来，在一次公司聚餐，他坐在我的旁边，手有意无意间碰触我的身体。开始跳舞后，他把我贴得很近，说了好多有些暧昧的话，我以为是他逢场作戏的疯话，不能当真的，过了也就算了。谁想到，在以后的工作中，他对我的挑逗越来越露骨了，他经常会伏在我身后或坐在我旁边看我工作，当然少不了对我动手动脚。我不知所措，也不知道该

如何拒绝，这么一来，似乎就更给了他鼓励，也许他认为我可能已经接受他了吧。后来就演变成了私下里的电话联络，他在电话里总是跟我说些挑逗的话，碍于情面，我不好意思不理他，每次都跟他敷衍。可是，他从来没有跟我说过他有老婆有孩子的事情，这些还都是我从其他同事那里得知的！

虽然身边的一些朋友鼓励我跟他交往，说现代社会这种关系比比皆是，根本没什么的，又不是实质上的出轨。再说，跟他有这种暧昧关系的话，可能对我的工作会有些帮助。但我心里是觉得这种行为不太好。

如何才能逃出男上司权力的魔爪，又不致失去好工作呢？这就需要职场女性学会拒绝，掌握说"不"的艺术。

1.上司追问你的私生活

对大多数上班族来说，和男上司的正常交往也仅限于下班后一起出去吃个饭，或者在周一早上谈论一下周末的休闲时光。但如果你的上司妄图窥探你的私生活时，你不必正面回答这些涉及隐私的问题，你只需附和一下："啊？这事儿可难办了。"如果他还在唧唧歪歪，你就找个借口尽快结束这种无聊的调戏。

2.上司送你礼物

过节时，上司如果在你的办公桌上放一个小礼盒，还悄悄告诉你：千万别告诉别人，免得引起其他职员的忌妒。其实，你的上司是想借小恩小惠和你发展不正当关系。也许你真的喜欢他的礼物，但你绝对不能收，你需要直接告诉男上司"您真的太慷慨了，但我不能收，我想你的女朋友会更喜欢的。"让他彻底明白：你对他一点意思也没有！

3.不停给你打电话

也许你的工作性质确实需要你24小时开机，但如果他经常在半夜或者周末给你打电话，很可能是在借工作之便调戏你。所以，他给你打电话，你就公事公办地接，表现得像在办公室加班一样。

4.总是徘徊在你的办公桌旁

如果上司总在你的办公桌旁徘徊，你可以在桌上摆满文件或者放上杂七杂八的东西，让他无处可坐。如果他想对你实施性骚扰，你就要勇敢地说“我把你当成上级尊重，我希望我们能保持良好的工作关系。”也许你的话会激怒他，但你的勇敢肯定会击败他！

5.要求你单独加班

这是很棘手的情况，尤其这种加班多数并非真的工作需要。你必须要和他好好谈谈了，比如，向他申请再招一个人与你分担；如果你怕激怒他而不敢反抗时，你最好时不时地提一下你的男朋友，因为男人一般都会主动放弃追求名花有主的女人。

当然，在生活中，还有很多上司对下属性骚扰的例子需要女性注意。其实，微笑是最好的回答，比如，上司约你去吃晚饭，你可以不直接回答，而是微笑着做欲言又止状。上司自然会问你是否有约会，你便可以顺势说有了，真抱歉之类的话。双方在微笑中摆弄达成默契，就不会造成尴尬的局面了。

还有一点很重要，作为女人，无论什么时候都要有自己的原则，这样才有可能不让上司产生邪念，就不会对你进行性骚扰了。

写给女人的心里话

为了逃出男上司权力的魔爪，又不失去好的工作，这就需要职场女性学会拒绝，掌握说不的艺术。无论在什么时候，职场女性都要有自己的原则，这是避免被上司性骚扰的最重要一条。

学会与男上司曲线沟通

许多白领丽人都为如何和男上司相处而烦恼：如果和男上司走得

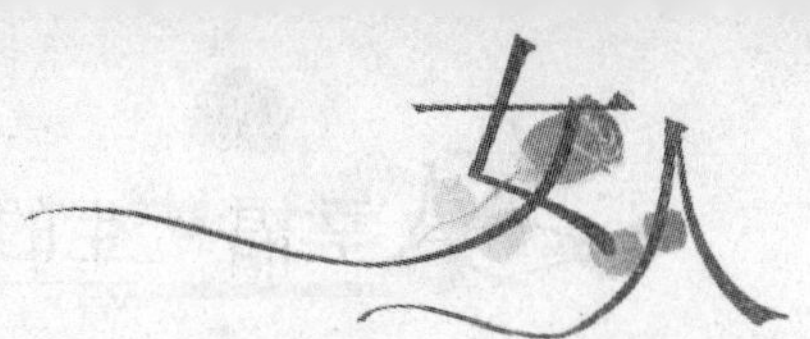

太近，会招来同事的悄悄议论，甚至有人说自己是出卖色相；走得太远，自己的聪明才智又很难让男上司了解。所以，只有在职场中学会与男上司曲线沟通，才可以完全展示自己的才华，建立一个和谐融洽的工作环境。

有一位叫王雅静的白领丽人，永远埋头自己的工作，既不炫耀也不张扬，更不愿意和男上司交流工作。就这样连续干了三年，那些和她一起来的女同事们，有的早已事业有成，受到领导的重用；有的调去了要害部门，掌管着公司财务大权。只有她原地踏步，做着那些别人不屑做或不愿做的事情。

那天，王雅静去上司办公室取一份文件，恰巧听到领导和同事这样评价她："王雅静这个人没有什么进取心，每日只会按部就班地工作，她不会有大的作为。"

这种评价太伤人了，王雅静感到非常委屈。按说她应该及时和上司沟通，谈谈自己的情况，没想到她走向了另一个极端，选择用怨气发泄心中的不满。有时明明在走廊和男上司走了一个面对面，王雅静低头匆匆而过，不愿意和他打照面。领导交给王雅静的工作她不再好好完成，而且，同事间的正常来往，她也常常使小性子。搞得大家对她避之唯恐不及，一时她竟成了一个孤家寡人。

年底，公司要进行人员新的调配，结果，王雅静被上司以不能胜任目前的这份工作为由，被调配到了别的部门。

无奈，王雅静只好离开自己喜爱的工作岗位，去一个自己并不太喜欢的新部门任职。吃一堑长一智，她在新的工作环境，尽量和上司沟通，很快便受到新上司的重视，让她构思一份新产品的策划书。由于工作出色，她常常被上司叫到办公室，商议一些产品策划的创意。有时加班晚了，上司还会开车送她回宿舍。

受到上司如此重视，王雅静开始有些得意忘形。有时下级找上司请示工作，如果恰好她在场，性急的她往往不等上司表态，顺口就给予了答复。还有时，她会和上司在公众场合开些不应该的玩笑。

职场永远都是江湖，没风也要起三尺浪。有人开始议论："没想到王雅静这小丫头还挺有心计，仗着年轻漂亮如此地巴结上级……”

王雅静怎么也想不到，自己和上司的交往，竟在同事的眼中变成了桃色事件。有次她和上司诉苦，说同事之间对他们来往过密有议论，本以为会博得上司的安慰和同情，没想到上司不冷不淡地对她来了一句：“好了，你应该安心工作，办公室不是传播流言飞语的地方。”

连续几次挫折逼迫王雅静开始认真思考，如何既能和上司保持良好关系，又不会招来风言风语，最后，她决定采用曲线沟通。

那天，快要下班时，一向温和的上司突然阴沉着脸大发脾气：“再干不好，今天晚上都别下班！”有同事对上司说：“我觉得您有必要和我们沟通一下，如果是工作中有什么问题，我们可以解决。但是……”没等她说完，上司暴跳如雷地喊道：“记住，我是你们的上司，我凭什么要和你们沟通？我的话就是命令。”说完，他一摔门，走了出去。

晚上，王雅静思考如何把自己的看法和上司沟通一下，她决定给上司写一封 e-mail，解释了一下今天下午大家为什么对加班有抵触情绪。后来，王雅静又和上司用 QQ 聊起来。聊天时，王雅静才知道，上司最近受到市场经营的巨大压力，迫不得已才发火。一番交谈，王雅静为上司出了几个好主意。看到有了经营对策，上司的心情开始平静下来。

在职场中，白领丽人要想游刃有余，就要学会和上司曲线沟通。因为一个不愿意和上司沟通的人，无论你平时做了多少工作，都不会让领导记住。只有适当地和上司沟通，并从中了解上司的意图，获得上司的支持，才能在行动上和上司的步调一致，准确把握自己工作的努力方向。

还有，只有在上司面前摆正自己的位置，注意开玩笑的场合和地点，在和上司搞好关系的同时，注意搞好和周边同事的关系，才能让自己在职场立于不败之地。

写给女人的心里话

白领丽人不要再为如何和男上司相处而烦恼了，只要和上司保持适当的距离，学会和上司曲线沟通，就能获得上司的支持，在行动上和上司的步调一致，让自己在职场中游刃有余。

远离职场是非，向闲言碎语说“不”

有人的地方就有闲言碎语，人的群体中，特别是有利益冲突的地方，是是非非的事儿就少不了。通常，爱在别人背后说闲话的人不但自己享受传闲话，而且，还爱拉上别人一起侃无中生有的事儿。

有人说生活就像一出戏，这并非没有根据。我们每天都要面对的职场生活，原本就有让人无法喘息的工作压力，如果再陷入是非之中，只会让人心力交瘁。

职场是人情场，是利益场，更是是非场。远离一切闲言碎语，绝对是百利无一害。在公司的每一次人事变动中，远离是非的人都是众人力挺的，反之，则会被淘汰出局。

小洁刚到公司，刘处长就把她叫到了办公室，神情严肃地对她说：“你这人怎么回事？怎么能随便说局长的闲话呢？”小洁听了刘处长的话，又委屈又疑惑地问：“我没有啊，天大的冤枉。”

刘处长没有接茬，叹了一口气，说了一件让小洁目瞪口呆的事。原来，局里近期准备选拔一批干部参加短期培训。据说，这批参训干部都是中层后备干部，极可能在下次轮岗时提拔重用。由于小洁平时工作努力、业绩突出，处长决定推荐小洁参训。但在局长主持召开的局务会上，当人事部长汇报参训人员名单时，局长却坚持把小洁拿下，并说这种干部没什么培养前途。列席会议的刘处长甚感意外，当场据理力争。局长不但不听，还把刘处长也训了一顿。

会后，刘处长找局长问明其中缘由，局长说，我原先对小洁的印象不错，工作上很努力，能力也不错。但谁能想到，前几天她和几个人在外面喝酒，借着酒劲大骂局领导，说局领导如何如何混蛋，局里如何如何黑暗，这种人还值得培养吗？

小洁听完刘处长的话，情绪激动地对刘处长说："不是这样的。我没有骂局领导，是别人骂的。"

原来，在周一晚上，小洁去外面喝酒，到了饭店一看，在座的还有好几位公司的同事。小洁便和她们坐在了一起。桌上，大家边吃饭边聊天，不知怎么的就聊到公司的事。其中有人就激动起来，开始数落公司领导的不是，旁边的人一边听着也一边附和。当时，小洁也附和了几句，借题发了几句牢骚。

过后，不知是谁把这次聚会的内容透露给了局长，并把骂领导的主角安在了小洁头上。于是局长大怒，对小洁采取了措施。结果，小洁不仅失去了一次升迁的机会，还莫名地背了黑锅，有口难言。

被同事出卖为他人背黑锅，这种事在职场经常发生。特别是一些经验不足的职场新人，更容易被人暗算，被人当了枪使或充当替死鬼。要想远离这种伤害，最好的办法就是远离是非场。不管在什么场合，听到有人聚在一起咬舌头，就要远离他们，千万不要以为自己只要不说就可以出淤泥而不染。

为了真正远离职场是非，向闲言碎语说"不"，并且快乐工作，职场丽人可以从下面的建议中汲取经验，避免职场伤害。

1.管住自己的嘴巴

俗话说：病从口入，祸从口出。很多人图一时嘴快，经常把很重要的秘密泄露出来。其实，如果你想得到职业发展，则必须管住自己的嘴巴。因为泄露保密信息只能危害你的声誉甚至你的工作，可能导致工作合同的终止，所以不要用自己的嘴巴冒险！能摆龙门阵的时候就

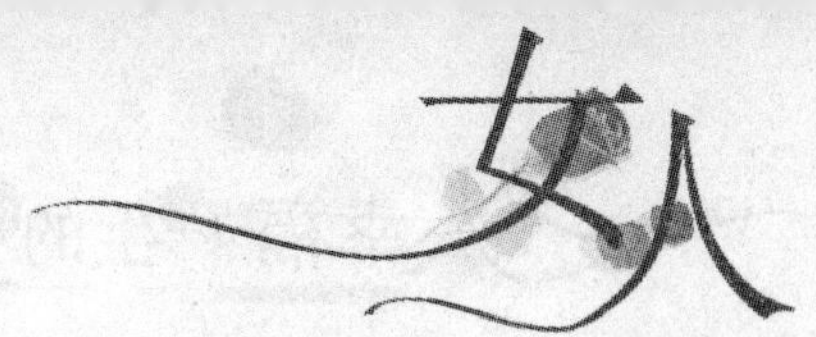

少议论同事，能说别人好话时就别说坏话。虽然显得不是很光明，但也实属无奈。

2.学会合作

现代社会是一个讲究团队合作的时代，和同事保持良好关系很明智，始终要有礼貌、友好地帮助他人。这不是指你必须答应所有事情，一些简单的事情就可以，比如帮忙换一下复印机的硒鼓，或者在上下班时总跟同事打招呼。如果建立起使人愉悦的、良好的合作关系，工作起来就更加容易。

3.不要拉帮结派

职场也有派系之分，必然会有斗争。在职业生涯中，你或许会处在两方或多方争议之中，无论走哪条路线都可能受到背后中伤。最好的方法便是尽可能保持中立，只关注自己的那部分责任，平等而公正地对待冲突双方的人便可。

4.培养乐观情绪

没有人愿意跟一个不停抱怨的人在一起工作，永远悲观的态度只会让这种情绪越来越严重，使你和周围的所有人不舒服。所以，尝试专注于工作中好的一面，培养乐观的情绪很重要。如果你确实有怨言，可以拿出一个解决办法，把坏事变为好事。

5.理性解决不同的意见

工作中经常会出现各种矛盾，开诚布公地说出你的担心，并希望作出一个折中方案。努力以中立的方式说出你的担心；针对问题而不是针对人。为了避免听起来有指责或对抗的感觉，你可以使用“我”或“我们”来表述。

写给女人的心里话

职场如战场，身在职场，就避免不了利益纷争。为了不被人暗算，不被人当了枪使或充当替死鬼，职场丽人要远离职场是非，向闲言碎语勇敢地说“不”。

沉默并非是金，不做职场“沉默的羔羊”

打开信箱，发现有一封好友靓的信，第一句话是：“他们都欺负我，就因为我是一只沉默的羔羊。”我的眼前立时出现了一个眼含热泪的小女孩形象。

靓所在的公司一家是规模不算大的民营IT企业，她在该公司研发部从事研发工作。该研发部的员工数量不多，仅有二十多名，女员工更少。由于是研发部门，因而大多员工与靓有着相似的背景，基本上都是硕士学历，并且大多都来自于国内的知名高校。

靓进入公司将近三年了，虽然大大小小的研发项目参与了不少，期间还参加了几个比较重要的项目，但是总感觉自己没有受到重视，老板也没有给自己加多少工资，她越来越感觉自己在公司的前途渺茫。

在e-mail中，靓向我吐露，她自己认为，其实无论在学历、经验及能力上，虽然自己并不是非常突出，但也绝不会比其他同事差，甚至有些同事，她认为明明不如自己，却能够受到老板的重视，无论在工资或是职位上，似乎都要超过自己，更让她愤愤不平的是，与自己同时进入公司的一位同事，各方面条件跟自己都很接近，但明明没有自己努力，可工资却明显高于自己，她感觉对公司越来越失望，开始考虑换工作了。

很多身在职场的女性都有着与靓类似的困惑：她们发现，自己很努力，并且一点都不比公司其他同事差，也希望能够在公司有很好的发展前途，可是却得不到老板的重视，因而开始对公司产生抱怨，自己也变得不再努力了。结果更难获得老板的重视，甚至成为老板的

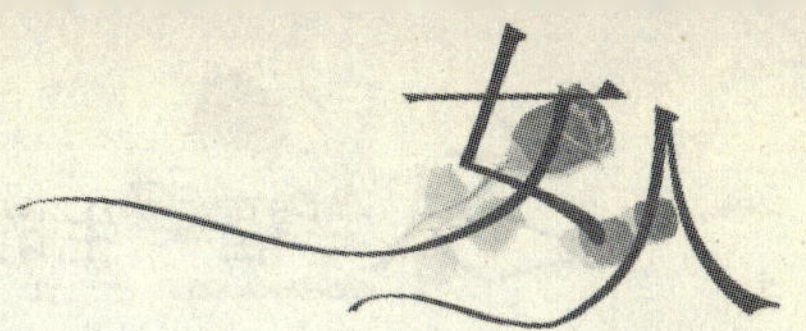

“眼中钉”。这种“恶性循环”让她们开怀疑自己的工作能力，并认为自己很难有好的发展前途了。

著名演员李雪健曾经说过：“没有声音，再好的戏也出不来。”职场是女性人生中的一个重要舞台，在这个舞台上，女人不能只具备创作哑剧的天赋，因为在这个舞台上，很多时候需要唱、念、做、打，样样精通。

所以，像靓一样困惑的女性，工作能力是不用质疑的，她们有很多都是优秀者。问题在于她们过于“沉默”，不会或不愿意告诉自己的老板，自己有什么成绩、付出了哪些努力。她们甚至认为“说”是没有用的，她们总认为：“老板又不是傻子，他看不到吗？”

其实，对于老板来说，他不一定对所有的下属都了解，很多时候，只能通过下属的工作结果来判断下属的能力。然而，要选择培养对象，就必须从多方面来分析评价。所以，如果你能够主动地向老板表现，则更容易让你的老板发现你；如果你能够在老板面前制造一种勤快、努力、凡事为公司考虑的好印象，则更容易让老板了解你、认识你，因此就更容易得到老板的认可和信任。职场女性一定要记住：如果你有成果，请不要吝啬，也不要过于谦虚，你应该寻找机会告诉你的老板，让你的老板了解，这样，你才更容易获得发展的机会。

说到这里，相信职场上的女性也认识到了自己的错误。是的，虽然中国女人是在“矜持”的教育下成长起来的，她们接受的教育就是少说多做，掩藏自己的意见，信仰沉默是金。但这种思想已经落伍了，在职场上，如果你沉默，就只会成为被宰的羔羊。

办公室性骚扰就是一个特例，这种骚扰很大一部分来自上司。有的上司假装关心或者赏识地拍拍你的肩膀，或用力死死握住你的手不放，或开玩笑似的在办公室或楼道无人的地方摸摸你的手、拍拍你的腰，让你浑身起鸡皮疙瘩。

有的白领丽人在接待客户时常受到性骚扰。一家贸易公司的公关小姐丽娜说，老总不在时，她经常陪客户在办公室谈生意。那些客人跟她谈话时，常常对她进行性骚扰，可她还要赔着笑脸，又不敢过多反抗，误了生意谁也担当不起。凭借手中生意，一些客户有恃无恐，色迷迷地盯着她的胸部，一边口出言语挑逗，或者捏捏碰碰，大占她的便宜；更有甚者，口出秽言，搂搂抱抱，纠缠不休。她在那公司做了一年后实在受不了，最后辞职走人。

对于这种无耻的性骚扰，女性更应该大胆地说不。所以，女性在职场上要发出自己的声音，有时候可能会给自己带来一些小麻烦，但更多的时候，如果失去了自己的声音，选择沉默，或是无原则地迎合别人，最后，不但会为自己的团队带来损失，自己的前途也会变得渺茫起来。

实际上，很多女性都知道这些道理，只是不清楚应该怎样让老板了解自己，不知道怎么跟老板“说”，这是让她们感到最为困惑的地方。其实，只要掌握了技巧，这也不难。

(1)你要明确自己的定位，也就是你希望在老板面前建立什么样的印象，然后找到有效的表达方式。让老板了解你，更多地关注你，老板便会更加信任你。

(2)明确目标，在目标清晰的基础上，努力去“做”，在此基础上，把你的想法和你所“做”的事情告诉老板，而不是“只说不做”。因为，如果老板发现，你只会说，却没有实际行动，一旦他认为你是“假把式”的话，就会对你更加失望。

所以，职场女性需要把你的实际行动与你向老板传递的印象保持一致，这样你才能长期获得老板的认可，“说”固然重要，“做”更加重要，因此，好建议不仅要说出来，还要努力去做。

写给女人的心里话

职场是女性人生中的一个重要舞台。在这个舞台上，女人不能只创作哑剧，很多时候需要唱、念、做、打，样样精通。沉默是金的年代已经不再属于新时代的女性，勇敢地发出自己的声音，不做沉默的羔羊才是她们最好的选择。

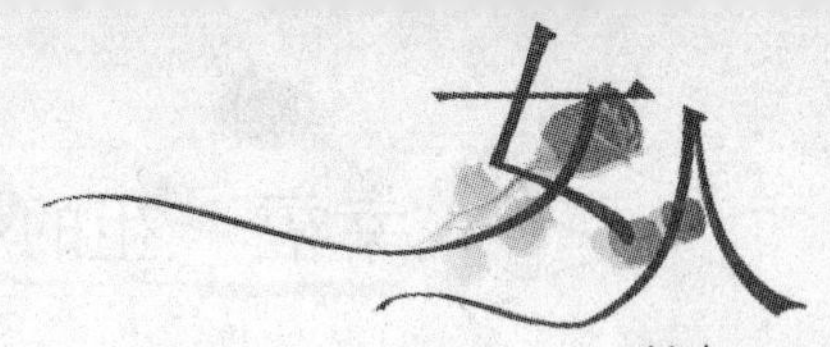

应对职场小人的绝招

人多的地方，是非就多。有是非的地方，必有小人。这一点在如战场的职场上尤为突出。多数人对待小人，都本着“宁愿得罪一个君子，不愿得罪一个小人”的原则。

一个著名网站曾做过这样一个调查：如果遇上抢功小人该怎么办？数据显示，有24.78%的人选择了默默忍受型，与之得票率相近的是“直接向老板澄清事实”选项，共有23.78%的比率。看来这两类方法，是目前职场人士在遇到小人时的主要应对方式。有14.06%的受访者认为应该对小人的抢功行为进行反击，所谓魔高一尺，道高一丈，对小人绝不能姑息养奸；更有13.66%的人认为对付小人必须联合其他人，发挥群体的力量，这样小人再也没有他的存身之地了；当然也有比较中庸的做法，12.14%的人认为惹不起躲得起，干脆换环境，不与你小人计较；仅有0.92%的人表示可能会迫于压力与小人为伍。

可见，对待小人，要么选择与之对抗，要么沉默，很少有人愿意与小人为伍。

还有一个针对职场恃强凌弱的调查，恶劣行径大多是上司针对下属的，约50%~80%，同级别的约20%~50%，部下要挟上级的不到1%。有意思的是，调查显示：男人更喜欢欺负男人，女人更喜欢欺负女人。

不少企业对业绩靠前的小人采取容忍的态度。其实，上级行为不当，员工辞职率激增，留下的人满意度降低，对雇主的义务感减少了。英国曾对5000名员工做了调查，结果25%的直接受害者和20%的目击者都选择辞职。

硅谷有个公司老总手下有一个能力超强的销售员，业绩从来都排在公司5%,但他经常辱骂下属同事。公司最后算了一笔账,他的不当行为造成顶头上司、人事部、高级主管、企业法律部不断花钱、花时间给他消灾,加上不停给他找新秘书的费用,总共加起来占到他创造价值的60%。要命的是,对小人的纵容还会创造一种不道德的文化,从而伤害企业的根基。

这种靠着自己的业绩就明目张胆地欺辱下属的小人摆在了明处,你可以防备,实在不行就离职,而那种表面衣冠楚楚、风度翩翩,内心却阴险无比的小人就让你防不胜防了。

刚毕业时,小梅恨不得立即成为女强人,所以干活很卖力。通过试用期后,她和小娟分到了一家大型国企人事部。因为年龄相仿,二人很快成为了无话不说的好朋友。

可经过一年多的相处,小娟精心收集各种证据,比如小梅某年某月说经理的衣服不好看,小娟便会把这些话透漏给经理。

结果,小梅在经理心中的形象越来越差,小娟升职加薪,而小梅却一直原地不动。后来,小梅知道小娟把自己当成了她升职的垫脚石后,便辞职不干了。

后来,小梅到了一家外企工作,她汲取教训,对这种小人敬而远之。由于工作出色,很快便得到了提升。

可见,公司犹如一个小社会,形形色色的人都会存在。即使是在团队合作精神盛行的今天,依然难免有个别藏私小人为求功劳而抢夺别人的辛苦果实。职场小人,让你防不胜防。那么,那些职场丽人们应该如何对付这些小人呢?

1.确立自己的信心

小人之所以算计我们,是因为他们意识到自身力量的薄弱,我们对他已经构成了威胁,所以,面对小人的算计,我们要确立充足的信心——不是我做错了,只是被忌妒遭到陷害而已。

2.提高警觉

不要在人前人后多嘴,让小人有可乘之机。如果遭到小人的抢功,不能手软,打得过就要一棍子打死,因为做东郭只能是害人害己;如

果打不过，就闪，而且要快点闪，尽快脱离小人的势力范围；如果打不过，又跑不了，那就只能磨，用边打边闪的战术，等待转机的出现。

3.跟小人作斗争

如果你软弱，小人就会更加猖狂，所以，为了生存，就要和小人作斗争。如果你被小人欺负了，自然要先找老大——你的老板。但要注意的是千万不要直接向老板哭诉，因为结果可能并不能改变既定的局面，反而还会落得搬弄是非的嫌疑。所以，要手握有力的证据，才会在老板那里得到公平的判决。

4.寻找盟友

对头势力太强的话，就要联合同样受欺负的人，团结就是力量，进攻才是最好的防守，留心小人的弱点和把柄，抓住机会，给小人以重击。需要注意的是，自己别走火入魔，也变成小人了。

5.选择离开

这是最万般无奈的选择，如果你的上司是个十恶的小人，最明智的选择就是离开，此处不留爷，自有留爷处。如果你实在不能容忍这种小人的行径，与其每天被上司恶心，还不如早点离开这个是非之地。

其实，到处都有小人，聪明的职场丽人只要抱着积极的心态，加强自身的实力，应对有方，就不会让小人钻空子，占便宜了。

写给女人的心里话

对待小人，要么选择与之对抗，要么沉默，千万不要与小人为伍。作为一名职场女性，对小人要处处设防，才能避免遭到小人的欺辱和陷害。

远离抠门和贪心

老人们常说,“过日子要精打细算”,居家过日子,算计着过,细水长流,这值得提倡;在社会上走动,多长个心眼,做到“防人之心不可无”,也无可厚非。但是职场女性切不可斤斤计较。

最近,王丽非常郁闷,因为她在竞争部门经理一职上失败了,最让她不能容忍的是这个对手的能力远不如她。

本来,按照王丽的预计,自己升任部门经理是板上钉钉的事情。首先,她是销售部的得力干将,工作业绩有目共睹,而且经常拿奖金。另外,部门经理高升时还曾直接向上级部门推荐过她。

但上级部门在准备任命之前,对王丽所在的部门搞了一次民意测验,其中提到最多的就是王丽,但几乎所有同事都说王丽既孤傲又自私。最终,一个工作业绩远不如王丽但人缘极好的同事周岚登上了部门经理的位子。

原来,王丽不仅工作能力非常突出,而且非常能吃苦,因此经常被评为优秀员工,多次获得精神及物质奖励。很多公司,同事获得奖金时都有请客的惯例,一次,王丽得了一笔高达4位数的提成加奖金,一个同事吵着要她请大家到饭馆撮一顿。但王丽有点舍不得,就推说有事,后来就一拖再拖,自己也淡忘了。这样一来,不但得罪了那个提议的同事,整个部门的同事都对她有了看法。

抠门的王丽已经让大家很不满了,更让大家不满的是,王丽在每次开会时都积极发言,其内容却不外乎某某不行,自己很棒,并把自己的功劳刻意夸大,对同事们的帮助和配合只字不提。很自然,她引起了全部门的公愤,而她的竞争对手虽然业绩平平,但擅长打人情

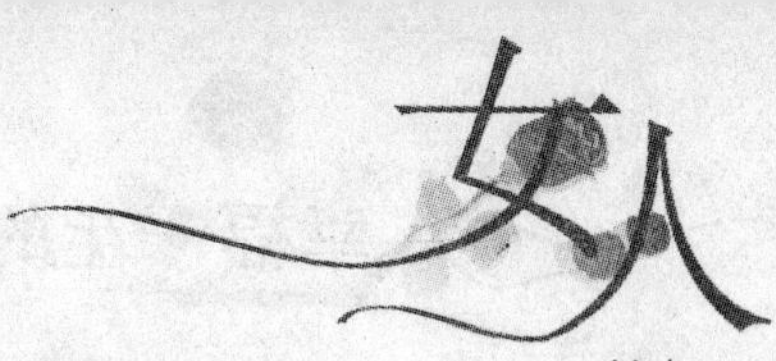

牌，全部门上下都吃过他的喝过他的，没有人不是他的朋友。结果，王丽在竞争部门经理中落选了。

可见，人活着，算计可以，但是不能锱铢必较。尤其在职场中，和同事搞好关系，非常重要，即使你能力再强却得罪了同事，结果，只会成为孤家寡人。还有，职场女性千万不要过于抠门，否则会影响我们的人际关系，最终影响我们的事业和生活。

抠门要不得，贪心更要不得，一个人有所得，必有所失，过于算计的结果，永远都是得不偿失。

李穆宁高中毕业后，来到北京打工，由于学历太低，普通话也说不好，她连一个当保姆的工作都找不到，每天只能在潮湿、阴暗的地下室里哀叹苍天不公。

好在天无绝人之路，她无意中结识了一个老乡。老乡在一家外企上班，见她人还踏实，决定帮她一把。几天后，老乡让她免费住进了自家地下室里，还找人把她安插进了一个朋友的文化公司，每天的工作也就是帮人扫描，取送一下书稿之类，愿意的话还可以学习一些排版知识，月薪先从1500元起，以后看情况酌情增加。

朝不保夕的李穆宁一跃成了朝九晚五的上班族，她不亦乐乎。过了一段时间后，李穆宁却心理不平衡起来，因为她了解到，公司里跟她干同样工作的员工们都比她拿的工资多，有的甚至比她高一倍。所以，她经常在老乡面前抱怨公司待她不公，还纠缠老乡和老板打招呼。

最后，老乡一气之下和她断绝了来往，并让她搬出了地下室。李穆宁没有反省自己，还埋怨老乡没有人情味，后来，她居然亲自向老板提出加薪，结果被老板炒了鱿鱼。

有句老话叫“人心不足蛇吞象”，人过于贪心，不知道知足常乐，只会把自己逼入绝境，到头来两手空空。

女性朋友们，一定要时刻谨记：算计可以，但不要过头，远离抠门和贪心，才是职场生存之道。

写给女人的心里话

人人都在算计，但千万不要算计得太精确，尤其是职场女性，有时候抠门和贪心会毁了你的前程。

职场女性与男同事相处之道

人在江湖，身不由己。如今，每个人每天都面临着前所未有的竞争压力。而职场女性们的压力，无疑更沉重一些。有人说，职场就是江湖，既然是江湖，就免不了是非。更何况，你控制得了自己，却控制不了别人；你对别人友善，别人却未必对你友善……正应了那句老话，有人的地方，就会有矛盾、有摩擦、有竞争。

职场中，很多女性不可避免地要与男同事或男上司并肩作战，虽然说“男女搭配，工作不累”，但毕竟男女有别，如果接触的分寸掌握不好，很可能导致工作不顺，甚至惹出一些意想不到的麻烦。

5年前，我到一家公司做财务总监。我一去便感受到了分管财务的副总色迷迷的眼神，而被人视为比较清高的我更是对他那喜欢说荤段子的嗜好痛恨不已。这个副总三天两头找我谈话，总是暗示我，我的年终考评红包厚薄甚至能否保住工作，以及我的发展空间等都是他的一句话。

“三八”节时，副总给我们部门的女同事每人送了一枝花。当他走到我的位子时，我既没接花也没道谢，任随他将含苞欲放的玫瑰花放在了电脑旁。后来，我有两次加班晚了，他执意要请我吃饭，被我拒绝了。他又提出要送我回家，我说：“我有老公来接。”他这才讪讪地走

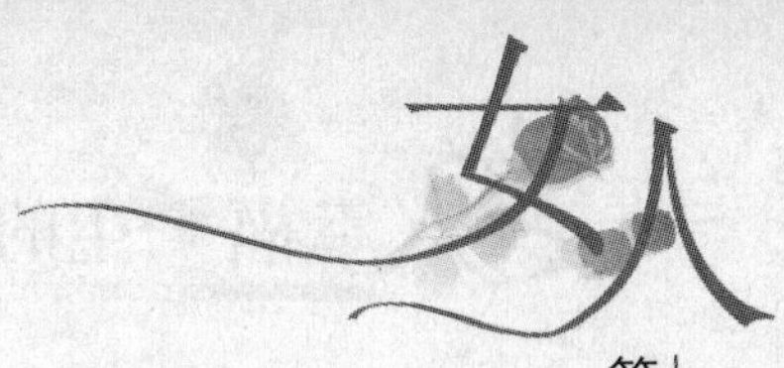

了。

有一次，年终决算完毕，副总说大家辛苦了，要犒劳犒劳大家。于是，我们十来个人去了酒店。几杯酒下肚，他又开始讲手机中的荤段子。有人附和着，他的劲头更大了。最后他居然提出，为了感谢我对他工作的支持，要和我喝“交杯酒”，当即遭到我的断然拒绝。拎着包便离开了饭桌，弄得一干人瞠目结舌。

我的直率和不给面子，令副总大为不快，虽然他没有对我怎样，但我已感受到了来自上上下下的压力，老总让我注意和副总的工作配合，同事也用怪怪的眼光看我，甚至悄悄地说我“犯傻”“假装正经”……在这个集体里我感到孤立无援，最终选择了离开。

不少职场丽人在追求成功的同时，常常被复杂的人际关系困扰着。大家同在一个单位，或者就在一个办公室里，只要搞好同事间的关系，办公室这个大家共同的小天地也并非不能和谐融洽。了解并运用一些建立在相互尊重基础上的相处之道是其中的关键。下面是专家介绍的一些方法，将有助于你摆脱敏感的处境，使之不至于演变成大问题。

1.穿衣不要太暴露

《工作场所的性骚扰》一书的作者苏珊说：“没必要掩盖女性曲线。在女性化和用性进行招摇这两个方面存在着很大的区别。当一位妇女穿短裙或透明衬衣时，就像男人穿紧身牛仔裤或敞开衣领不系扣子的衬衣一样。工作场所的着装不应该是挑逗性的。”

所以，作为一个女人，着装要适度，应该为自己发出的信号负责。因为当你穿暴露的超短裙时，你给男人发的信号是：“看看我。”

2.说话要谨慎

女人对男人说什么反应强烈。男人随便说出来的话，尤其是关于性方面的话，妇女都当回事。《性与工作场所》一书的作者古太斯教授说：“我们清楚不能对任何一个种族使用低下的语言，我们对妇女同样也不能使用低下的语言。”

所以，要避免开两性关系的玩笑，哪怕有一点这类暗示的玩笑都不能开。男人和女人都应在工作地点避免进行具有性色彩的评论。

3.不要在办公室发展友谊

通常情况下，一位女性在第一天上班时，总会有一个热情似火的人替她忙这忙那，让她在短短数小时内对公司内幕“了如指掌”。可是不久后她便会发现，那个在背后不断造谣中伤她的人，正是这位对她热情的“好朋友”。这是一个很普遍的办公室现象。所以，不要试图在办公室里发展什么友谊。

4.尽量不争辩

有些女性说话时有一个坏习惯，那就是凡事喜欢争论，一定要胜过别人才肯罢休。为了你的工作和前途，应该把此项才华留到办公室外去发挥，否则你屡屡在口头上胜过同事们，其实，在无形中就损害了别人的尊严。如果对方不够宽容豁达的话，没准哪天就会用某种方式对你还以颜色，让你下不了台。

5.寻求共同点

男同事面对职业女性时，常常手足无措，因为他所面对的女性，既是同事，又是个女人。在这种情况下，你要设法消除他们这种心理，努力寻求建立一个共同点，产生共鸣，使相处变得容易。要想达到这个目的，先要知道这个人的喜好，才能对症下药。例如，听音乐，那你们便有了一个共同的话题，大家也可以自然地谈公事以外的事了。

6.多说称赞的话

和男同事相处，不妨多说称赞对方的话。美国哲学家约翰·杜威曾经说过：“人类本质里最深远的驱策力，就是希望具有重要性。”作为一个正常人，每个人都渴望被认可、被肯定甚至被崇拜；每个人都希望获得他人的尊重，而赞美无疑可以使人们的自尊心得到极大的满足。所以，真诚地赞美他人是最有效地促进双方沟通、加深彼此感情的办公室处世之道。

7.注意不要过线

如果你所说的或所做的冒犯了你的同事，而且意识到仅仅道个歉可能显得轻率或不诚恳，你最好立刻说句“这种情况再也不会发生

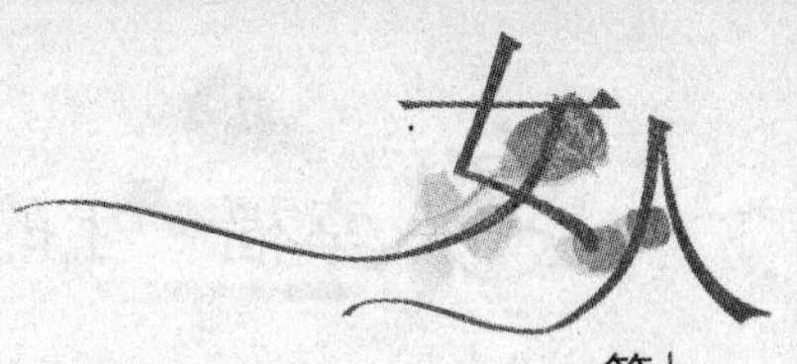

了”，并且保证以后真的不发生才行。

工作场所的性骚扰对每一个有关的人都会造成伤害。它可以毁了受害者及受害者的家庭。最健康的工作场所应是男人和女人彼此尊重对方并能精诚合作的地方。所以，即使你想和同事搞好关系，也要注意不要过线。

“人上一百，形形色色”，每个人都有各自独特的性格，对于不同性格的同事，要区别对待，女性自然能在职场上游刃有余。

写给女人的心里话

职场丽人能否能正确处理工作场所的两性关系即与老板、同事及雇员的关系，对事业能否成功至关重要。

巧妙拒绝男上司的暧昧行为

在这个以男性为主导的职场里，大多数男性占据着上司的位置。如果你是一位聪慧、敬业的女性，自然会得到上司的青睐和赏识，从这个角度来看，虽然是好事。但男女之间的关系是很微妙的。如果对方并不仅限于对你欣赏，而是向你传达了一种暧昧的信号，你会怎么办呢？此时，女人要巧妙地拒绝，既不伤对方面子，也给自己留有余地。

王静在一家医药公司做销售代理，她不仅聪明能干，人也十分漂亮，销售业绩不断攀升，因此，受到顶头上司、销售部经理周扬的青睐。

那天，王静遇到了一个要求苛刻的大客户，谈判的时候，由于对方压价太狠，使得谈判一下子陷入了僵局。绝不轻言放弃的王静利用中午休息的时间一遍又一遍地研究对方的资料，挖掘对方的弱点，用自己的认真和敬业来感化对方。花了一周的时间，王静终于和这位客户达成了协议，拿到了一份数额巨大的订单。下午下班的时候，周扬找到她说为庆贺她的成功，要请她吃晚饭。

因为拿下了订单，王静心里充满了喜悦，毫不犹豫地答应了。吃饭的时候，王静发现就他们两个人，心里有点尴尬，但也没多想。两人聊了很多，她第一次发现经理还是个非常幽默的人，总是能把她逗得大笑。吃过饭，周扬说天还早，邀她去跳舞，她推辞了一下，也就答应了。那个晚上，他们玩得很愉快。

后来，周扬便经常请王静吃饭、泡酒吧、打保龄球、桌球、壁球。多半是借口庆祝王静的出色表现和业绩。有时王静并不想去，但看到他那诚恳的眼神，又想想他是自己的上级，王静不好意思拒绝。而周扬每次出差都为她带回些别致的小礼物，这当然逃不过外人的眼睛。

时间久了，一些同事便在私下里议论她和上司的关系不简单。周扬听后淡淡一笑，王静却苦恼不已。相恋两年的男友听到传闻后也对她怀疑不已，再加上王静工作忙，经常推掉与他的约会。他揣测王静是利用了上司才做出那么骄人的成绩的，任凭王静怎么解释都没有用，结果两人不欢而散。

这样的事情在职场中屡见不鲜，面对带点儿暧昧的男上司，一些女人通常都会被动地接受，因为怕上司以后在工作中找自己麻烦。其实，你要小心注意了，因为这往往是以后不寻常关系的前奏。

在暧昧面前，女性完全可以掌控局面和把握方向，掌握主动权，将暧昧的苗头掐灭在最初。希望下面几招对你有所帮助。

1.坚持自己的原则

工作中要服从上司的安排，但在其他方面要以诚相待，坚持自己的原则。有时候，拒绝上司并不一定是坏事，如果上司发现你的尊严不可侵犯，他也会对你敬重有加的。

2.委婉拒绝

拒绝上司不能太直接，要委婉一点，给足上司面子。比如，你可以

借口身体不舒服等，千万不要说话太直，伤了和气。

3.打开天窗说亮话

如果你没勇气拒绝上司的邀请，就要和他说明白，这样的交往让你烦恼不已，如果他没有非分之想，相信他会理解你，以后也就不会再纠缠你了。女人千万不要碍于面子，委曲求全，违背良心做事。

写给女人的心里话

美丽的女性总能吸引男性的目光，面对暧昧，女性完全可以掌控局面和把握方向，掌握主动权，将暧昧的苗头掐灭在最初。

撒个小谎也无妨

在职场，不会说谎甚至从不说谎的人，会四处碰壁，且经常得罪人，即便将话说得更委婉一些，在多数的情况下，也难以摆脱困境。比如：别人为工作调动或为亲戚找工作等诸如此类的事情找你帮忙，而你又无能为力，爱莫能助时，你会如何处置呢？这时候就需要以善意的谎言来委婉地加以拒绝。

职场丽人也需要虚假，甘心情愿被人骗，让善意的谎言成为麻醉药，以使自己有点自信，活得快乐一点。有时候，我们真的不愿面对真正的自己，宁愿要虚假的美，不要丑陋的真。这种欺骗，人称为白色谎言（white lie）。

具体说，白色谎言就是在不伤害对方的前提下，为使事情控制在一定范围和一定程度，来说一些不含恶意的谎言。它是一种职场常用的手段和一种处事方法，它有时也是处理上下级关系的润滑剂。

所以，当我们找到了工作，满怀信心走进办公室时，一定要注意说话的分寸。有时为了生存，要说说谎，这不是教你使诈，因为实话实说会害己害人。很多时候，实话只会换来一道好菜——被上司炒鱿鱼。

刘丽在一家贸易公司上班，一天下班后，她和同事小雅走在一起。小雅这几天和上司的关系很紧张，所以心情很郁闷，她们边走边聊，小雅控制不住自己的情绪，开始数落上司的不是，最后忍不住，又把上司大骂了一通。

不久，上司在刘丽面前谈起了小雅，对小雅的表现很不满，还问刘丽，是否听到过小雅在背后说自己的坏话。

刘丽是个诚实的孩子，她该怎么办呢？

如果和上司说谎不是她的风格，如果把小雅的事情告诉上司，上司就会对小雅记恨在心，找机会教训小雅。而且精明的上司也会想到：你刘丽在我面前可以说别人的坏话，那么在别人面前也会说我的坏话，就会对刘丽进行一定的防备。

最终，刘丽选择了不告诉上司，让上司和小雅中间建起一座修补的桥梁，这点让上司十分欣赏她。

可见，使用谎言能让三方面都得到好处，而讲实话会让每个人都受到损害。所以，在职场人际关系中，某些善意的白色谎言有特殊的作用。

据一项调查显示：99%的人都经历过白色谎言的袭击，或是对别人善意隐瞒，或是被别人善意欺骗。无论出于什么原因，撒个小谎骗骗别人，早已是很多人擅长的小技巧，甚至不会引起内疚感。很多白色谎言制造者认为，善意谎言无伤大雅，还能起到职场关系润滑剂的作用，何乐而不为？

但是，在很多人心目中，欺骗是一种无法容忍、不能原谅的行为，无论是恶意的蒙蔽还是善意的隐瞒。这就引出了一个问题：既然不愿意被人骗，为何还要去骗别人？答案是，人在江湖，身不由己。

当你的老板要你帮忙推掉一个不重要的约会，当你的同事找你帮忙请病假实则去赴私人约会，你会怎么办？吭哧半天，犹豫半天，与其冒着被暴打的危险说出真相，还不如心甘情愿当一台白色谎言制造机。

但是，一个满嘴跑火车、张口就是假话的人是得不到上司和同事们信任的。另外，职场也没有句句都是真话的人。

在职场，你一定要当“老实人”。“老实人”才能取信于人，没有别人的信任职场就没法混，只有在大家的印象中不会说谎的人，才能够在最关键的时刻骗倒所有的人。说谎一定要在最关键的时刻，能少说一句就少说一句。

全假话没人信，全真话没法混，十句话里九句真，这样说一句假话才有人信。

生活中有一句俗话：会做媳妇的两头瞒，不会做媳妇的两头传。职场丽人对鸡毛蒜皮的小事不要用诚实的态度去对待，适当说一些假话，什么都会过去的。

善意的谎言，是人生的滋养品，也是信念的原动力。它可以使人心里燃起希望之火，让人确信世界仍有真爱、信任与感动，因而找到更多笑对生活的理由，使人不由自主地努力争取，战胜脆弱。

从某种意义上说，说谎成了人们交往与沟通的一种生活必需品。善意的谎言出于真诚和善良，它是无悖于道德的。只要你掌握一定的原则，善意的谎言往往比真诚更得人心。

写给女人的心里话

在职场中，人们不喜欢谎话连篇的人，同样也不喜欢一句谎言也不说的人。既然在职场中真话会伤害别人，我们就要考虑改变说话的方式了，有时候撒个小谎也无妨。

“隐私”是定时炸弹

在办公室里，我们的一言一行，一举一动都在同事的注视之下。身边的同事是我们工作上的搭档、伙伴，但是请记得，他们不是我们的生活伴侣，不会像我们的父母我们的兄弟姐妹一样包容我们体谅我们。做同事，最好保持一种平等、礼貌的伙伴关系，心照不宣地遵守“办公室规则”。要保护好自己的隐私，一定要知道什么该说，什么不该说。

在欧洲有这样一则故事：

一个村庄数百年来一直亲如一家，邻里之间却突然变得不和睦，本来一见面都要真诚地道一声“早安”的村民们，现在都怒目相向，犹如仇敌一般。

原来，不久前刚搬到村子里来的一位巡警的妻子是个爱搬弄是非的长舌妇，全部恶果都来自于她不负责任的言语。村民知道上了当，不再理这个女人。后来，这个女人搬走了，邻里之间的关系才慢慢得以恢复。

人都是有好奇心的，我们在满足自己好奇心的时候要牢记一个原则：保护好自己隐私的同时，不要拿别人的隐私当做生活的作料，不要传播一些伤害别人的话。要知道，世界上最毒的不是毒药，而是舌头。

从心理上讲，女性似乎比男性更容易向别人敞开心扉，也更容易在短时间内接纳一个人，并把对方当做好朋友。这一点在职场上是女人的一个很大的缺点，因为职场涉及个人的利益关系，一旦人的私心占了上风，就会拿你的隐私作为击倒你的武器。

王娜得知一家公司正在招聘，她便约了刘美艳一起去面试。当时负责招聘的部门主管听说她们是旧同事时，还用奇怪的眼光看了她们一眼。第二天，王娜就接到了那个主管的电话，要她去上班，她高兴地打电话告诉了刘美艳。

可是，等王娜去报到时，主管却问她："你是不是已经怀孕了？"王娜一愣，心想：主管是怎么知道的？主管接着说："我们只需要一个人，本来决定让你就职，可是昨天你那个同事打电话告诉我你怀孕的事情。现在，我只能向你说声抱歉，我不想我的人进来半年就要休产假。"王娜这才知道原来刘美艳在背后搞了小动作，心里涌起一股情绪，但说不清是愤怒还是悲哀。

职场中充满了残酷的竞争，与人分享自己的"隐私"就相当于授人于柄，说不定在哪个时候你的"隐私"就会变成别人攻击你的武器。所以，自己千万不要成为长舌妇，把自己的所有秘密都告诉别人，还有，不要把同事当朋友。

我是一个已经当了5年的人事主管，但我越来越无法忍受比我小10岁的海归女上司。本来一直传言我会当上人力资源总监，可结果是弄来了这么一个26岁的小丫头，我心中不平，也没办法。

上司年龄不大不会藏秘密。她会在办公室里对着电话大声吼："你都结婚了还来找我，要不要脸啊！"或者在我进去汇报工作的时候，忘了关掉电脑游戏的音效。有一次，让我帮她在电脑里复制点资料，却被我看到她在国外留学时候的文件，原来她只是在英国读了一年硕士而已……我有个很要好的销售部同事，经常一起闲侃，无话不说，我便跟她讲了我的憋屈，发泄完了，觉得挺爽。

谁知，第二天，小丫头领导却笑吟吟地对我说："总公司对我们这个部门进行了一些人事变更，名单已经发到你的邮箱了，你办手续吧，晚上一起吃饭，我请客！"我彻底蒙了。

后来才知道，那个我以为跟她八竿子打不着的销售部同事，居然是小丫头的大学同学，我后悔得肠子都青了。

可见，女人行走职场，要远离"隐私"，不仅要保护好自己的"隐私”，还要不能轻易谈论别人的“隐私”，没有不透风的墙，没准哪天你的话就会爆炸，伤及自己。所以，有一些隐私话题适合谈论：个人爱好、理财经验、旅行经历、美容消费、教育培训等；有一些隐私话题却不适合谈论：个人收入、和上司的私交、对老板或者其他同事的看法、其他人的隐私、自己私密的感情。

“没有永远的朋友，只有永远的利益。”这句话在职场中，我们宁可信其有，不可信其无。千万不要让“隐私”成为我们前进路上的绊脚石。

写给女人的心里话

没有永远的朋友，只有永远的利益。在办公室里，女性不要向别人敞开心扉，千万不要卖弄自己或别人的隐私，不要让这颗定时炸弹毁了自己的前途。

第八个忠告　上对花轿嫁对郎，婚姻不是爱情的坟墓

婚姻是一个人的终身大事，每个女人要敢于和命运抗争，自己的婚姻自己做主，才会拥有一个幸福美满的婚姻生活。既然选择了结婚，女人就要精心呵护你的婚姻生活。女人在埋怨男人的同时，也需要对自己在婚姻中的行为进行检讨。婚姻是一门大学问，也需要女人好好品味，好好经营。作为一个女人，要运用技巧，才能让男人对你钟爱一生，笑到最后的女人才是真正幸福的女人。另外，女人在和丈夫吵架时，不要拿“离婚”当儿戏说事。另外，为了孩子的美好未来，好好珍惜彼此这段姻缘吧！

不要把自己的婚姻交给命运

我们无法选择自己的出身，因而无法选择我们前半生的命运，只有接受和承认。但是，我们绝对有办法选择自己后半生的家庭或丈夫，也就是我们有办法选择自己后半生的命运平台。因此，婚姻能赋予我们第二次生命。

虽然我们不能说，婚姻决定命运。但是，我们完全可以说，婚姻一定会影响一个人命运的走向。某些伟人的婚姻，甚至会影响一个国家、一个时代的命运。在中国近代史上，孙中山与宋庆龄、蒋介石与宋美龄、毛泽东与江青的婚姻，都在不同程度上影响着时局的发展。所以，富有理性的人们把结婚当做自己的终身大事。

大多数人认为：女人的婚姻就是上天的产物，上天注定的缘分、父母的意愿、媒人的介绍，就成为了女人轻易把自己交托出去的借口。但新时代的女性再不是被命运操纵的弱者了，无论是爱情还是婚姻，女人都要自主选择，不要把婚姻交给命运来主宰。遗憾的是，许多人在婚恋过程中却常常缺乏理智，任性和草率，或者出于无奈抑或因为换取某种利益而结婚，从而导致了千千万万的人间悲剧。

每个女人都梦想自己有一个完美的婚姻，但很多女人在择偶时都把权力交给了命运，结果很多已婚的女人常常这样说："我做梦都没有想到会嫁给这个人。"在婚姻这个问题上，很多女人都没有和命运抗争，轻易就接受了命运的安排，结果遭遇了失败的婚姻。

刘丽萍大专毕业后来到报社应聘，由于她美丽清秀，充满魅力，被

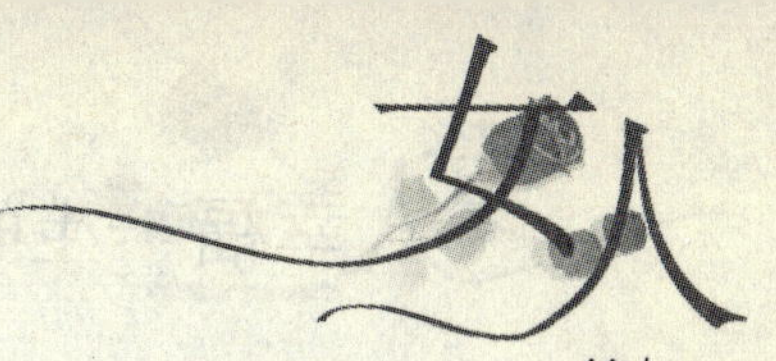

总编破格录用了。为了使自己由实习记者转为正式记者，刘丽萍拿自己的婚姻做赌注，答应嫁给总编的儿子。结果，她跟总编儿子没见上几次面就结婚了。

婚后，刘丽萍才知道总编儿子竟然在23岁就办理了“退休”手续，拿着退休金什么事也不做，整天游手好闲，无所事事。事业心很强的刘丽萍劝丈夫去找个事做，她不希望自己的丈夫年纪轻轻就靠退休金过日子。可是，丈夫就是不愿去找工作，这让勤奋好学、上进要强的刘丽萍伤心不已。

不仅如此，有一天，她还发现丈夫和年轻女保姆在床上干那种苟且之事，让她逮了个正着，看到他们慌乱找衣服的样子，刘丽萍一下子崩溃了。她连夜起草了一份离婚协议书，第二天一早就交给丈夫签字。丈夫扑通一声跪到妻子面前，苦苦哀求她不要离婚。

刘丽萍想到自己以牺牲爱情为代价换取的职业和婚姻，将以悲剧形式而告终，便多次想用极端的方式结束自己的生命，幸被父母发现保住了性命。刘丽萍好像掉进了冰窟，带上衣服回了娘家。身为报社总编的公公没有劝说他的儿子好好做人，反而通过部门主任传给她传话：尽快回到丈夫身边好好过日子，否则三天内离开报社。

这是什么世道，刘丽萍一气之下向报社递交了辞职报告，只身来到南方，开始了新的生活，凭着自己良好的形象和气质，很快就找到了一份高薪的工作。

后来，经过艰难的诉讼，刘丽萍终于解除了自己不幸的婚姻。

实际上，有很多女人和刘丽萍一样，不赶奢望什么爱情，反而轻易把婚姻交给命运来抉择。结果，跳进了火坑却不自知。

如果婚姻从一开始就是错误的，自己在结婚之后又不能改变错误，或者根本没有能力纠正这个错误，那么就理智地放弃错误的婚姻，重新开始寻找适合自己的婚姻。

歌德说：婚姻虽然不是我们的全部，但却是我们生活的重要组成部分。它直接影响并决定着我们后半生生命的走势。所以，女人千万不要轻易把婚姻的抉择交给命运，那是对自己的不负责。

写给女人的心里话

婚姻是一个人的终身大事，每个女人要敢于和命运抗争，自己的婚姻自己做主，才会拥有一个幸福美满的婚姻生活。

想要婚姻幸福别做八大傻事

婚姻是女人的一生中最重要的一件事情，甚至是女人的生命。经常有女人这样感叹"干得好不如嫁得好、父母好不如老公好"。但是许多女人却在埋怨男人，甚至说世界上没有一个男人是好东西。从这句咬牙切齿的诅咒声中可以看出女人是多么希望有一个幸福的婚姻。

在婚姻中，女人往往把错误归咎于男人，其实，往往是女人自己的所作所为破坏了婚姻。女人在埋怨男人的同时，需要对自己在婚姻中的行为进行检讨。下面就是女人在婚姻中常做的傻事。

1.将男人拴在裤腰带上

男人和女人结婚但不希望失去自由，男人希望家是休息的港湾，希望在自己疲惫的时候可以在此休息一下。但男人的天性是闯世界，所以没有一个男人希望在家里永远安静地生活下去。很多女人对男人的活动严加干涉，恨不得将男人拴在裤腰带上，结果弄得男人寸步难行。这种做法只会让男人厌恶你，你的婚姻也会产生危机。

2.掌握男人钱

女人怕男人在外面找女人这是很正常的现象，但是女人以为控制了男人的钱袋就能控制男人的行为，这是一个很荒唐的想法。因为男人想要藏点私房钱是很简单的事情。所以，女人试图掌握男人的钱，

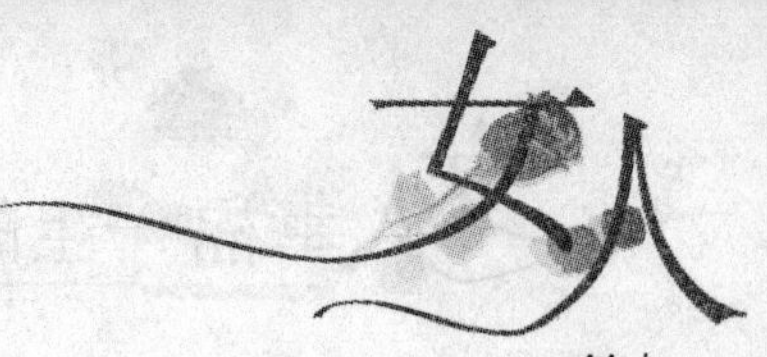

只能增加男人的反感。

3.恨男人的家人

很多女人认为和男人结婚后，男人就应该是自己的，这是大错特错。因为男人永远不会忘记生养他的另外一个女人。如果女人和自己男人的母亲和妹妹争夺情感，上演婆媳大战，只会让你的男人痛苦万分，婚姻最终会出现危机。

4.以为嫁个男人就可以万事大吉

很多女人希望找个好男人，过衣食无忧、衣来伸手饭来张口的生活。其实，对于女人来说，只有自立，才能换来婚姻幸福。因为等你的青春流逝后，男人对你的兴趣就会越来越低，失去宠爱的概率越来越大。所以，聪明的女人即使嫁了一个百万富翁，也不会放弃自立的机会。

5.把老公当做自己的泄愤机器

女人的嘴很容易惹是生非，女人不能因为自己情绪变化或者没有宣泄的地方就拿自己的男人泄愤，这样只能让男人对你更加反感。虽然男人很乐意安慰自己的女人，但是每天面对唠叨，总有烦的一天。其实，在痛苦的时候，女人的眼泪比女人的嘴要好千倍，所以，最好的方法就是用眼泪来唤起男人的同情。

6.偷窥男人的隐私

每个人都有自己的隐私，并且都不希望被别人发现。很多女人千方百计地打听男人是否和前女友来往，对男人的邮件、电话、短信频频偷窥。还一再追问，非要问出个子丑寅卯来不可。有时候，被逼无奈的男人就会因此而出轨。

7.不注意保护自己身材的秘密，过分暴露自己的肉体

现在很多女人想尽办法提高自己乳房的高度，增加乳沟的深度，来吸引男人的注意力。其实，女人在外面显示优美的身材，只能引来毫无意义的回头率，但是在家里却能引来自己的男人的欣赏。但另一方面，女人在家里也不要过分暴露自己的肉体，要保护自己身材的秘密，这样更能吸引你的男人的注意力。

8.总逼问老公说爱自己

有些女人在男人面前千娇百媚，希望男人能说出“我爱你”这句话，有些女人甚至逼迫男人说这句话，男人有时真是痛苦地、违心地说出“我爱你”，但是内心世界是在说“你累死我啦！”所以，女人不要总逼问老公说爱自己，毕竟，爱不是说出来的，而是做出来的。

女人选择了爱人之后，要学会精心呵护你的婚姻生活，千万不要做自认为对的傻事，否则你会亲手毁掉自己的婚姻。

写给女人的心里话

既然选择了结婚，女人就要精心呵护你的婚姻生活。女人在埋怨男人的同时，也需要对自己在婚姻中的行为进行检讨。因为爱只能给予值得爱的人，而不一定是渴望爱的人！

不必向他“坦白”你的过去

爱情是人世间最美好的东西，它是一种激情，特异的依恋和忠贞与奉献。而专一、忠贞也是维系爱情的必要条件。但婚姻和成熟的两性关系是一种社会关系，除了本能而美好的激情外，它还需要经营。

很多人在痛苦地挣扎和迷惑：婚姻中的两个人到底应毫无保留还是有所保留？自古以来这都是个有争议的问题。

有人说，男人喜欢翻阅过去，女人喜欢瞭望未来，这话不无道理。男女进入恋爱关系以后，女性往往并不会过多、过深地盘问男人的过去，而是把眼睛盯住今天和明天；男性则相反，他会利用一切可以利用的机会，绞尽脑汁以诱、套、哄、骗，甚至逼等手段，让女性说出过去

的事情。

当你面临一段新的感情，是向对方坦白你过去的恋爱史，以示坦诚呢？还是用美丽的谎言掩饰或守口如瓶，以免造成伤害？

女性是完美主义者，她们心目中最理想的是婚前彼此坦白，获得理解后再谈婚论嫁。但残酷的事实却粉碎了许多女人的美梦。

莫女士是一位英语教师，她曾经历过一场刻骨铭心的初恋。在与初恋男友相爱的 6 年里，两人用英文互诉衷肠，往来写了 1000 多封信。后来，由于男友父亲棒打鸳鸯，两人含泪分手。

两年后，莫女士遇见了现在的男友，男友知书达理，莫女士视他为自己的亲密爱人。情到深处，有一天，莫女士向男友倾诉了自己的初恋故事。最后，莫女士说，当年初恋男友一步一回头，与她含泪分别的情景她至今历历在目。讲完之后，莫女士如释重负，她拥着男友欣慰地说："真没想到还能遇见你，我对你的感觉比初恋时还强烈。虽然我无法忘掉自己的初恋，但我相信即使有一天在马路上碰见他，我也不会对他有感觉了。"

听了这样的倾诉，莫女士的男友先是感慨，然后就有些酸溜溜的不是滋味。他脸上装做不在意的样子表示理解女友的感情，心里也明白他应该看重现在和未来，但是一丝阴影还是在心底留下了。特别是后来又有两次，女友不经意地说到初恋这个词，莫女士的男友就感觉自己好像吞了一根鱼刺，卡在喉咙里吐不出又咽不下，怎么都不舒服。他苦恼地对女友说，知道不如不知道。莫女士听到这样的话，懊悔不已，因为她知道，自己的初恋故事会成为她和男友之间一堵无形的墙。

爱情需要坦诚相待，彼此说实话更能拉近对方的距离。当然，如果对方无所谓，为了避免不必要的矛盾发生，保护一点各自的隐私也是人之常情。因为，有时候不说出过去，反而是对对方的一种保护。千万不要觉得爱一个人就要无所保留，毕竟，把一切都和盘托出，无法保证对方就能容忍你的痛处。

很多男人对女人说："没关系，我爱的是现在的你，对你的过去并不在乎。”其实，这完全是自欺欺人的谎言，他们实际上很在乎女人的过去。

1.男人的“老大”意识作怪

男人常以老大自居，想把握全局，他不但想知道女人的现在，更关注女人的过去。换句话说，他对今天你与他做了什么并不十分用心，因为他是当事者，而过去你做过什么，对他来说是一个谜，他想通过破解这个谜，了解你的未来走向。于是，他向女人问东问西，有些男人只是大致地问问，但也有些男人会穷追不舍地问个没完，让你感到像被鬼缠上一样。

2.男人对你有极强的占有欲

男人的占有欲，不但表现在占有女性的今天，而且也表现在占有女性的昨天。男人总是幻想女人的过去是纯洁的，所以一旦知道女人的过去有污点的话，就会觉得自己捡了个“破烂”，没有了尊严。大家都看过达伦第奥的小说《死的胜利》，男人对女人的占有，不但表现在生，甚至表现在死，以殉情的方式，永久地占有对方。

3.男人强烈的忌妒心

忌妒不是女性专利，男人心底同样有根忌妒神经，只不过男人的这根神经隐藏得很深。男人之所以问你的过去，就是忌妒心在发酵。他知道了你的过去，似乎就等于抓住了主动权。同时，对自己“实力”也有了评估，所以，女人最好不要跟他说自己的过去，否则，他会抓住你的把柄，时不时就拿这个说事。

4.男人受传统观念的影响

传统社会对男人的要求不那么苛刻，男人可以三妻四妾，而对女人却要求很严，要女人遵守妇道，嫁鸡随鸡，嫁狗随狗。比如，女孩是不是处女的问题，虽然口头说不在意，但男人受传统观念的影响，对这个问题还是很在意的。

既然男人有这样的心理，女人就没有必要把自己的过去向男人坦白。要隐瞒就隐瞒一辈子，不要轻易把芝麻小事都“抖落”出来。所以，女性朋友千万不要过度坦诚，除非你具有足够应付男人的经验，否则当男人问你的过去时，一定要装成羞答答的样子对他说："你是我第一个真正爱上的男人。"

写给女人的心里话

有人说，男人喜欢翻阅过去，女人喜欢瞭望未来，这话不无道理。面对男人的逼问，聪明的女人会羞答答地对他说："你是我第一个真正爱上的男人。"让过去永远地成为过去，才会获得一生的幸福。

女人拿什么让男人钟爱一生

爱情是世界上最纯洁的花朵，而家庭则是这朵美丽花朵的果实。因爱生情，因情而动，但爱情和家庭这对双胞胎姐妹，都有序幕，有开始，有高潮，有结尾。到底是瓜熟蒂落还是枯黄凋落？是百年好合还是含恨终生？

婚姻和恋爱是不同的两个概念，恋爱凭借的是激情，而婚姻凭借的则是责任和做人的原则！一个女人只有到老了，还有钟爱她一生的男人守在身边，那才是幸福的！

有句老话叫"成功男人的背后都有一个女人在默默地付出"，可见女人在男人的事业及家庭占据多么重要的地位。但很多女人总是抱怨自己的男人赚钱太少，能力不高，其实没有想过自己又做了些什么？指责男人的同时却丝毫看不到自己的缺点。看看现在的一些女人，结婚之后就以为找到了长期饭碗。一不炒菜，二不做家务，一切家务不是老公代劳就是保姆打点，而自己心安理得地天天无所事事游手好闲地生活。

有这么一句话，笑到最后的人才是幸福的人，同样，笑到最后的女人才是幸福的女人。眼前轻而易举得到的幸福是虚幻的幸福，一个女人只有到老了还有人深爱着她，那才是幸福。

其实，女人是在用生命经营爱情，但很多女人却用爱情来牵制和绑架男人，男人要自由，女人要束缚，结果女人难免会挥起大棒大声吆喝着男人，希望把男人驯服。这种管理模式在女人年轻时还比较有效，但当日子长了，当她没有什么值得男人回味的时候，男人便开始厌倦她，会毫不留情地离开。所以，聪明的女人，不会用爱情来牵绊男人，而是用心、用生命来经营爱情。

前不久看了这么一部电影，说的就是两个人相处久了之后的转变。男女主人公结婚十几年，有了一个可爱的女儿，可是曾经的激情也变得平淡起来，就在这个时候，男主人公竟然一夜成名了，成名之后的他，突然有了许多的应酬，每天都在外面与不同的人周旋。于是女主人公就开始不满了，因为他不再有时间陪自己吃晚餐说说话。而男主人公也因为自己的成名，而开始对妻子的唠叨觉得厌烦起来。

可是当他想要放弃十几年的婚姻与那个唠叨的妻子时，却知道自己得了绝症，不久将会离开人世，那个时候，他发现自己最想做的是放弃那些种种真真假假的追捧，回到自己深爱的妻子女儿身边。于是他真的放弃了一切回到了妻子身边，才发现原来两个人能够在一起说说笑笑就是一种幸福，原来自己曾经所不屑的生活竟然那样的美好。故事的结尾很完美，男主人公并没有得绝症，是医生误诊了。不过，这让他明白了自己最想要的是什么。

所以，人总是在要失去的时候才会发现其实拥有很多。不过，如果男主人公没有误诊患有绝症的这次经历，也许他们的婚姻就走到了尽头。

爱情激情飞扬，却如流星般转瞬即逝。婚姻虽然平淡琐碎，却要两个人在风雨中共同走完人生。一朵花再美，总有凋谢的时候，女人再美，也会有衰老的那一天。太多的女人述说自己的不幸，作为一个女人，拿什么让男人对你钟爱一生呢？

1.学会以退为进

男人都是大男子主义的，只是表现不同和多少而已，他们往往逞一时英雄，不必为他的只言片语大动肝火，要知道退一步海阔天空！你可以让男人在你面前屈服，但绝对不能让男人在他人面前低头。

2.包容男人的缺点

很多女人结婚后，就开始挑剔男人各种各样的缺点，老实的不浪漫，浪漫的太花心，没本事的太窝囊，有本事的没时间，长得帅的不放心，长得丑的不甘心，总之，郁闷无比，怨天尤人！其实，世上本来就没有完人，学会宽容一点，你的婚姻就会非常幸福。

3.展现你的魅力

女人要做一个调酒师，让男人品味着一壶优质的美酒。同时，女人也要做好家庭的缔造者，而不是仅仅“养好男人的胃”！即使结婚了，也不要忘记展现你的魅力，这才能真正吸引你的男人。

4.学会说不，平等相处

结婚后，女人不能一味对自己的男人说是，在家庭中必须与男人平起平坐，如果一味地迁就男人，就会惯坏男人，让他不懂得珍惜，最后抛弃你！谈恋爱时有恋爱时的版本，婚后要有婚后的版本，在不同阶段要有不同版本的爱情，幸福才会长久，爱情才会保鲜！所以，女人要注意提高自我修养，女人要漂亮，更要内涵，要才气，更要温柔。这样的话，男人还会跑吗？

写给女人的心里话

婚姻是一门大学问，需要女人好好品味，好好经营。作为一个女人，要运用技巧，才能让男人对你钟爱一生，笑到最后的女人才是真正幸福的女人。

婚前睁大眼，婚后半闭眼

很多人都说婚前婚后相处不同，正如富兰克林所说："结婚以前睁大你的双眼，结婚以后闭上你的一只眼睛。"因为婚前的女性只看得到男人的优点，对于他们的缺点却都能忽略不计。婚后同处一个屋檐下，却总是只看到男人的缺点，而对他的优点却忽略不计了。

著名广播主持人于美人以她自身的经验表示，每个人结婚前一定得先问自己一个问题：为什么要结婚？对自己要嫁或娶的对象的想法要有一定程度的了解，而且对方最好是和自己想法一致的人。因为婚姻是给自己在生活上找一个伴，心灵找一个安慰，只要两人在一起一天，都是难能可贵的。

如果你看中某件东西，最好的解决方法是买下它；如果你看中某个人，最好的解决方法就是嫁给他。但对待结婚这件事，女人一定要慎重。在结婚之前，要睁大眼睛，认真挑选。因为女人在坠入情网后，她的智商就会大幅度下降，爱情这把火把她烧得就像发高烧，稀里糊涂，傻里傻气。所以，婚前了解一定要做好，不要抱着相亲都相麻木了，随便找一个结婚算了，可知你的仓促会对你两人造成一辈子的伤害与痛。

有太多的人，因为对婚姻的误会和幻想，迈出第一步就误入歧途，最后迎来满身创伤的结局；或者继续坚守不幸的婚姻，过着没有激情的生活。所以，长得漂亮不如头脑聪明，头脑聪明不如睁大眼睛挑选你的如意郎君。

不过，婚前睁大你的双眼，不管是看清自己，还是看清别人，都不是件容易的事。如果太认真，有时候会失去更多。

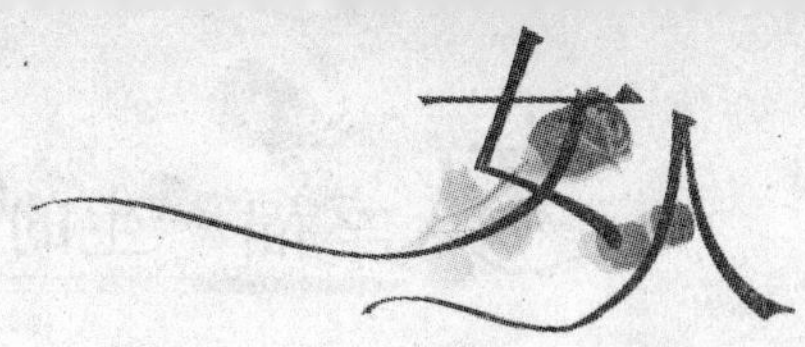

有一位漂亮又精明的女人先后谈了好几个男朋友，到最后还是形单影只。

曾经，一个男朋友对她说："相信我吧，我马上就要升职了。"她便深入男朋友的单位调查，得到证据后，她严厉地指责这个撒谎的男人："升职根本就没有你的份！"

不久，男朋友又告诉她，单位要分房子给他。她又深入单位，搜集信息。回来后，她又批驳他："你不过是一个小小的职员，有什么资格得到房子，做梦吧！"

后来，男朋友说，"相信我吧，我会爱你一辈子。要让你成为世界上最幸福的女人。"女人觉得自己根本不是那个最幸福的女人，就对他说："你不过是个骗子，我要的你什么都没给我，分手吧！"

结果，她的男朋友像走马灯似的一个一个地换。在她年近不惑的时候，都没有找到自己心仪的郎君，因为她太认真了。

世界上没有一个人可以大言不惭地说自己是完美的，也没有一个人能说自己的爱情是完美的。所以，结婚以前睁大你的双眼是无可挑剔的，但千万不要太认真。

婚前如此谨慎，是为了婚后幸福，那么，婚后还需要睁大眼睛吗？自然不用，反而需要闭上一只眼。

闭上一只眼睛就是对一些事情不要过分追究。在婚姻生活中，婚前需要清醒，婚后需要糊涂，留一半清醒，留一半醉，你的婚姻生活将更加轻松和快乐。

曾看到这么一个故事，大体情节是这样的：

有一个女人爱上了一个很穷的男人。在谈恋爱的时候，两个人信誓旦旦，要相爱到永远。男人发誓：要让你成为天下最美丽的新娘，要让你成为最幸福的妻子。她相信了。

男人又发誓：等我有了钱，一定要把天上的星星献给你。她又相信了。她明白，摘星星是男人永远无法实现的诺言；她更明白，这是男人给她最好的体贴和温柔，最好的爱的表达。

于是，她嫁给了他。结婚十多年，两人生活得平平淡淡，丈夫还是个小职员，家里的条件并不富裕，但他很爱她。女人别说天上的星星没有得到，就连别的女人得到的首饰也没有得到。

有一天，男人拥抱着女人，觉得自己愧对于她，结婚这么多年，没有给予过她什么。他问她："你会因为我没法摘到星星而失望吗？"女人笑着说："谁都知道这是无法实现的诺言，爱情有时候也难得糊涂，我得到了你的爱，这比什么都珍贵。"

不过，再美好的爱情也会有让你不满的时候。有时候，对方撒了一个谎，不必揭穿他，更不必小题大做。你不计较，他会感激你的宽容。

婚姻中太精明的女人，就算天生有一双火眼金睛，世事洞明，到头来伤的不仅仅是自己的眼睛，还会连累自己的婚姻。

婚姻，就像手里的沙子，你握得越紧，流出的越多，最后，所剩无几。在婚姻生活中，不可避免地会出现一些意想不到的小插曲，比如爱人精神的出轨，情感的背叛，第三者的插足……

当婚姻的小船在人生的大海上遭遇狂风暴雨侵袭时，我们要把握婚姻的舵。婚姻要懂得宽容和知足，婚姻要懂得珍惜和满足。婚前要精明一点，睁大你的眼；婚后要糊涂一点，尽量闭上你的一只眼。夫妻间要相濡以沫，相依为命。

写给女人的心里话

两个人的世界有甜有苦，睁开你的一只眼欣赏他的优点，闭上你的另一只眼包容他的缺点。过日子，要糊涂些，厚道些，宽容些。留一半清醒，留一半醉，你的婚姻生活将更加轻松和快乐。

不要试图改变对方而要接纳对方

两只羊同时要过一座独木桥。窄小的独木桥上，只允许一只羊过去。就这样，两只羊在桥中间相遇，谁也不肯让步。它们角对着角，为了过桥而打起来，结果它们一起落到桥下的急流里，丧了性命。

婚姻就像是过独木桥，夫妻两人开始是朝着同一个方向前行，但在一起生活的时间长了，摩擦和冲突让我们变成了相反方向的两只羊。我们习惯性把问题归咎于对方，指责对方没有尽到应尽的义务，互不相让，争吵不休。

有人做过一个调查：很多男女在步入婚姻殿堂后会后悔的原因是：婚前男人认为女人永远不会改变，而女人却认为男人一定会被自己改变，但结果却正好相反，所以双方都叫苦不迭，开始没完没了地争吵。其实，家不是讲理的地方，如果你希望自己的婚姻有个美满的结局，就在夫妻争吵的时候，想一想两只羊掉下急流的命运吧。只有各自退让一步，不要试图改变对方而要接纳对方，婚姻才能幸福美满。

有一对夫妻都是电视迷，可迷的内容不同。丈夫喜欢看足球节目，妻子则喜欢电视连续剧，尤其是韩剧。一天晚上。因为看电视选台的问题，他们俩又顶上了。说着说着，就开始互相指责了起来。丈夫说了妻子的很多缺点和不足，妻子则历数了丈夫多年来的种种错误。于是嗓门越来越大，战争逐渐升级，升到不能再升的时候，妻子穿上外衣，拂袖而去。

这是他俩的第 N 次“内战”。白天，各上各的班；下班，各吃各的饭；睡觉，一人进一屋。在晚饭和睡觉之前的这一段时间里，他们俩也不看电视了，而是把自己关在各自的屋里看闲书。这样僵持了大约一个礼拜，突然有一天，丈夫大献殷勤。买来妻子最爱吃的糖炒栗子，并郑重其事地对她说：“今天晚上你一边看韩剧一边吃栗子吧，以后的每个晚上你都随心所欲地看电视吧。”妻子受宠若惊，惊讶地问他怎么肯退让了，丈夫呵呵一笑说：“好男不和女斗！”

其实，是丈夫在网上看到了一位老人的博客，她说自己的老伴病了，起初只是肺炎，后来引发了全身的疾病，在床上昏迷了七天七夜经过多次抢救，才把他从死亡线上拉回来。老人说，像他们这种年龄，已经进入生命倒计时了。如果夫妻间能把两个人相处的每一天都当做倒计时看待，就会珍惜感情了。

丈夫在一瞬间突然发现自己的心胸太狭窄了，回想妻子工作压力那么大，回到家里还得洗衣做饭，给他无微不至的关心和照顾。为了看电视和妻子闹别扭，实在是有愧于妻子对他所付出的一切。后来，妻子在有球赛的时候也会体贴地把电视让给丈夫看！

由于夫妻双方放弃了改变对方，而是学着接纳对方，一场小小的战争就这么结束了。凡是相濡以沫的夫妻，只有和棋而无赢家，那是因为他们都放弃了胜负心。其实，婚姻里确实没有对与错，在婚姻的过程中遇到事情产生矛盾时，双方应该彼此换一下位置。

俗话说：“勺子总会碰锅沿儿的。”两个来自不同家庭背景、有着不同成长经历的人，结为朝夕相处的夫妻后，难免会发生一些矛盾冲突。夫妻间有了争吵并不可怕，关键是把握分寸，互相退让一步，学着接纳对方。

每个人都是独特的，与众不同的。理想的婚姻必是让人感到轻松和愉快，帮他活出他自己，按照他本来面目活出他的潜能，成为天底下独一无二的他自己。我们能做的，只有浇水与施肥，而不是强行按自己的意愿剪枝。

每个女人都梦想着把自己的男人变得十全十美，可世界上最不容易改变的动物就是男人，明知道太太对他好，还是恶习难改，甚至有的男人宁愿换妻也不肯改变自己。所以，女人永远不要试图去改变一

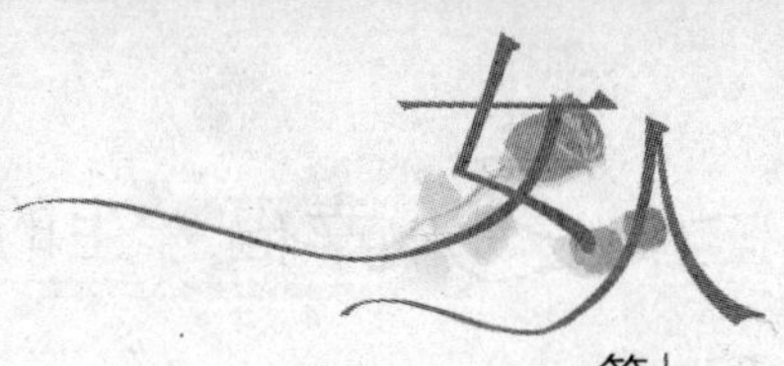

个男人，而是要学着接纳对方。

写给女人的心里话

我们欣赏一朵花，一座高山或黄昏的夕阳，喜欢看它们那原原本本自然的样子，没有人试图改变它，没有支配，没有占有，只有仰慕和欣赏。女人对自己的男人为什么就不能接纳，而要费尽心机地去改变呢？

拔掉婚姻中的猜忌这根毒刺

钱钟书先生形象地把婚姻比做围城，引发现代人好一阵感慨。既然围城是禁锢人身心的一道樊篱，索性人类就将婚姻摒弃算了，而事实上却不是这样。

婚姻并非一无是处，你看，人们一面嚷嚷着婚姻的麻烦，一面享受着婚姻的妙处。既然婚姻叫围城，那么家就比围城外多了一份安全感，这种安全感来自婚姻中夫妻双方的信任。一个温暖的家，是可以遮风挡雨的，可以尽情地把喜怒哀乐向对方诉说，而不用担心来自对方的出卖和伤害。但在婚姻中，并不是全是信任，往往毫无根据的猜忌会让人自寻烦恼。

在电视剧《中国式离婚》中，猜忌是贯穿始终的一条线。丈夫宋建平为了掩饰自己的一次酒后失态，不断堆砌谎言，由此给妻子林小枫造成丈夫有外遇的错觉。因为猜忌，夫妻间的误解和矛盾愈演愈烈，并导致婚姻最终以离婚收场。可以说林小枫的过度敏感要为这段婚姻的失败负很大责任。

在现实生活中，也不乏夫妻双方互相猜忌的例子。

烦恼的小何这样叙述道：

老婆升总经理助理了！在她这个岁数做到这个职位，不容易。为此，我特别为她安排了一顿浪漫的晚餐来庆祝。谁曾想，升职的兴奋没持续多久，问题就来了。自从做了总经理助理后，她整天跟那个年轻有为且英俊潇洒的总经理一起应酬，还隔三差五地出差。老婆跟如此有竞争力的上司走得这么近，做老公的心里怎能不吃醋。

那天，朋友聚会。大家都有些醉意了，就听哥们半真半假地调侃："兄弟，你老婆现在蛮风光的，要看紧哦。"连朋友都看出来了，这里面肯定有问题。回到家，老婆又不在。等她一进门，我就拍桌子嚷起来。先是要她交代跟上司的关系，后要求老婆辞职以示清白。老婆呢，既交代不出关系，又不同意辞职，两人吵了一夜都没结果。有了这一次，接下来的日子因为猜忌，两人什么都说不到一块，大吵三六九，小吵天天有。吵到最后，我俩都筋疲力尽，离婚成了唯一的解决途径。

就在离婚已经谈得差不多的时候，我岳母突然患了重病。一时间，两人都顾不得离婚这事，全力以赴忙着为老人看病。在这个过程中，我们渐渐和好如初。时间也证明，老婆跟她的上司没什么。就这样，我们的婚姻就这样在"鬼门关"打了个转又回到原地。

可见，美满的婚姻，应该是建立在彼此信任的基础之上。一旦得到对方的信任，就会加倍自重自爱，自觉地把对方的信任当成约束。聪明的女人，懂得不断提升自我价值，才会使男人的信任不打折扣。因此，要防止婚姻破裂，应以保护家庭成员，特别是夫妻间互相信任，杜绝猜忌。

(1)作为家庭轴心的夫妻，彼此都要不断加强学习、修养、不断提高对社会的责任感，开阔胸怀，高尚情操。

(2)夫妻要学会交换位置，凡事将心比心，站在对方立场想一想，不要光看自己的"理由"。

(3)夫妻间应互相尊重对方的独立性，信任对方的工作与社交，不

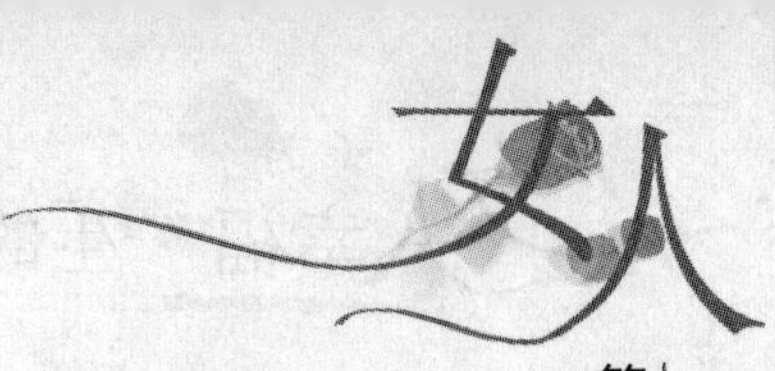

能乱加怀疑。

(4)一朝事发，夫妻双方都要学会让步，避开火头，待情绪平定后，寻找合适机会开诚布公地交换意见，总结经验教训，以免重蹈覆辙。

写给女人的心里话

猜忌是婚姻中的一根毒刺，将两颗相互爱恋的心刺得千疮百孔，把两个彼此靠近的人拉开了距离。而信任才是婚姻里一根牵心的线，张弛有度地牵，才能牵出滚滚红尘中美满婚姻。

学会放养男人而不是圈养

在近日的报纸上，我们看到了这样的报道：现代城市里的女孩流行圈养男友。据说，在一份“圈养还是放养你的男友”的调查中，有57%的女孩赞同圈养。于是，有人提出疑问了：为什么要圈养或者放养男友？在放养或圈养男友的过程中会有什么样的故事？

我和男友认识的时间不长，刚确定关系的时候，他就对我说过，我们以后还是保留一点距离，你以后不要管我太多，免得别的同事笑话我。对此，我没有多说。我当时觉得还是应该对他严格一些，就是圈养吧，比如他一天不给我打电话，我就偷偷盘查；他的上网记录也得交给我过目；他和别的女孩说话，我就大发脾气；每天下班前，他必须给我打电话，来接我；我走路，他必须给我拿包打伞；外出活动，他也一定要带上我。

一段时间后，男友烦了。他说，他要疯了，是我逼的。他没有和我提出分手，也没对我吵闹指责，而是拉着我找了一个安静的地方，和我聊了很久。他说，我觉得两个人恋上了，并不意味着两个人就是一个人，我们都得给对方一点空间，这样有利于爱情保鲜。

男友的话，我仔细掂量过，想想也有一定的道理。对一个男人管严了，男人也失去了原来的男人魅力了。你想，一个整天在你背后阿谀的男人，还叫男人吗？

作为一个女孩，对男友也没有必要圈养成那样，要保持若即若离的最佳距离，就会感觉更加幸福。

给男人自由的时空，让他有个人活动的朋友圈，有他的势力范围，自由独立，那么，他就会知恩图报，时时想着回家的路。相反，如果你的男人身披枷锁，让他倍感煎熬，那么他整天想的是怎么做一只解禁的鸟，如何背着你干些坏事以解恨，一旦逮到机会，就会变本加厉地“犯错”，而且毫无愧疚感。

婚姻的基础是信任，将男人圈养的女人不只是对男人缺少信任，还对自身缺少自信。圈养男人只能囚禁男人的身体，而放养男人，则能解放男人自由和尊严。古人说，文武之道，一张一弛。放在爱情上也是适用的，圈养的同时，适度放养；放养的同时，适度圈养。也许，这样的爱情才会新鲜，才会伸手可及。

写给女人的心里话

女人对待男人要学会适度地放养和圈养，给男人一定的自由和尊严，爱情才会保鲜。

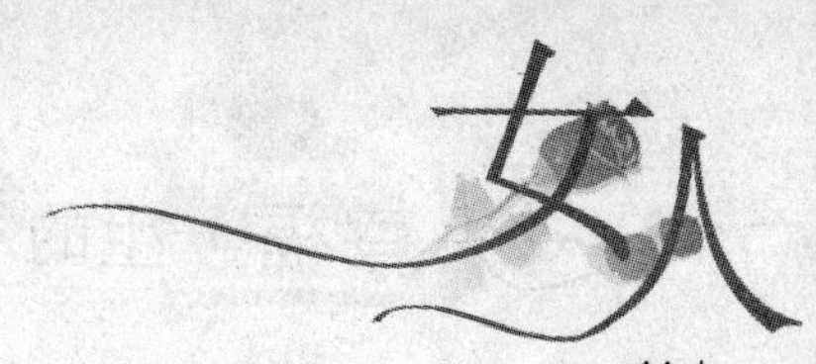

不要拿“离婚”当儿戏说事

十年修得同船渡，百年修得共枕眠。虽然现在人脉的婚姻思想前卫、做法新潮、主观意向强，犹如拿婚姻当做儿戏过家家。但婚姻不是在拉拉链，有缘有分才可以结为连理。婚姻也不是博彩，而是个严肃的伦理问题。无论是婚姻还是家庭，都必须以责任来维系。

组建一个家庭，双方都必须树立起强烈的责任意识，因为，婚姻是建立在道德、伦理基础上的一种社会关系，所以夫妻双方都应依靠伦理来约束自己的行为。从根本上讲，营造美满家庭必须做到夫有义、妇有德。夫有义即是丈夫必须知恩、重情、尽道，做君子、慈父和严师；妇有德即指妇女应该温婉、贤淑、端庄、会料理家务。

每个女人都希望自己的婚姻美满，但总有一些婚姻生活不如意的女人，当和丈夫发生矛盾时，她们喜欢动不动就拿离婚说事，结果和丈夫的关系越弄越僵，把自己和婚姻推到了绝境。

最近，我的一个朋友和她老公离婚了，其实也没多大事，就是因为家里鸡毛蒜皮的一些小事。听我朋友说每次两口子吵架，她就拿离婚来说事，第一次说离婚的时候，可把男方吓坏了，又是跪下求情，又是找亲戚劝说，虽然和好了，可深深地伤了他的心。从那时起男人的心事重重，在她的身边说的话也不多了。她还以为他有进步改好了，也很听话了。结果最后一次吵架，她又顺口说了句离婚，男的还假惺惺劝她，不愿意离婚。一看男的这样熊，女方更来劲儿了，背起小包回娘家去了。

她原本想男人晚上就会接她回家，可三天也不见男方的踪影，这下她毛了，当她走在回家的路上正看见自己的男人领着别的女人逛街呢。她傻了,她跑上前和自己的男人理论,男的说:“每当你说离婚的时候,你知道我的心都要碎了,你不是总想和我离婚吗,今天就办手续去,我还真的和你离婚去。”

可见,一个平淡而又充满生命力的家庭就因女方长时间的,不经意的,在男人面前吓唬说离婚而导致了一个家庭的破裂。

而且,婚姻不仅仅是两个人的事情,尤其是有孩子的夫妻,要对孩子负责,如果因为你常把离婚挂在嘴边,导致了婚姻破裂,对孩子是很不利的。

虽然在开明的社会中,结婚自由,离婚也自由。婚姻围城里的成人如果自由了,他们的孩子也“自由”了。但前者是精神的挣脱,后者是精神的枷锁。若说离婚的负面效应,孩子们是最大的受害者。对于女人而言,一桩婚姻破碎了可以重新寻找;而对于单亲母亲而言,如果孩子没有教育好,那她输掉的将是整个人生。所以,为了孩子健康成长,千万别轻言离婚!

有一本属于青少年题材的长篇小说《爸爸妈妈不要说离婚》,整部作品描写了几个各自背景不同的十三四岁的单亲孩子,在不同的生活环境下,所逐渐形成的性格以及由于特定的身份和家庭背景所产生的社会问题。书中的小主人公们,在成人复杂的情感纠葛中,显得孤独、无助、可怜。

谢姗姗是本书中最具悲剧色彩的人物。她的父亲是个粗俗的商人,其母亲在戒毒所戒毒,后母是传统形式上的恶母。她对于必须依赖才可生存的家庭,产生一种本能的抗拒及厌恶,并用频繁拍拖的方式,寻找一种安全感和温暖,而她偏激的性格和社会复杂的情况,注定了她悲剧的结局。

生活中,类似的例子数不胜数。而这些单亲孩子背后的父母心中又何尝不是长久的无奈和隐痛?

不管你是已经结婚了,还是没有结婚,更或者你已经有了离婚的打算,希望置身在婚姻中的你能够——为了孩子,珍惜彼此这段姻缘!

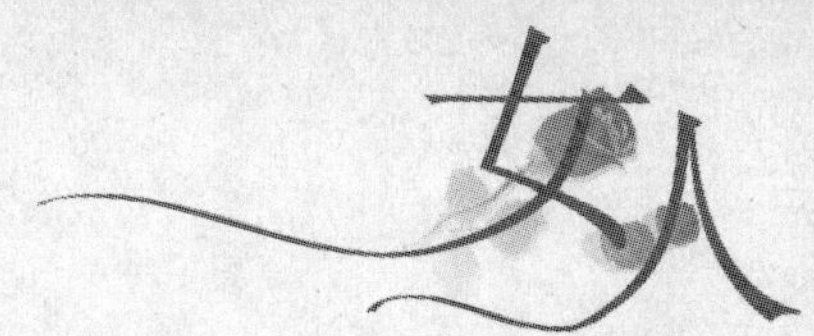

写给女人的心里话

大部分女人说离婚，未必是真的想离婚，只是吵架时赌气说出口而已。但说多了，男人就会信以为真，最后造成不可挽回的局面。所以，女人在和丈夫吵架时，不要拿“离婚”当儿戏说事。另外，为了孩子的美好未来，好好珍惜彼此这段姻缘吧！

第九个忠告　做个聪明的“傻”女人，轻松处世

生活只垂青有思想准备的人，学会心计，其实就是学会更好地生存。女人作为弱势群体，不仅要学会生存，更要学会如何更好地生存。聪明的女人可爱，但聪明的“傻”女人有时候更可爱。所以，女人不要自诩自己很聪明，有时候傻一点会更幸福。做一个傻女人并不吃亏，只要心中有一颗聪明的心灵，并且有宽广的胸襟，人生便处处开满着幸福的鲜花。女人要从心底深处为别人着想一下，多点尊重，多点理解。远离尖酸刻薄的语言，才会拥有幸福快乐的生活。

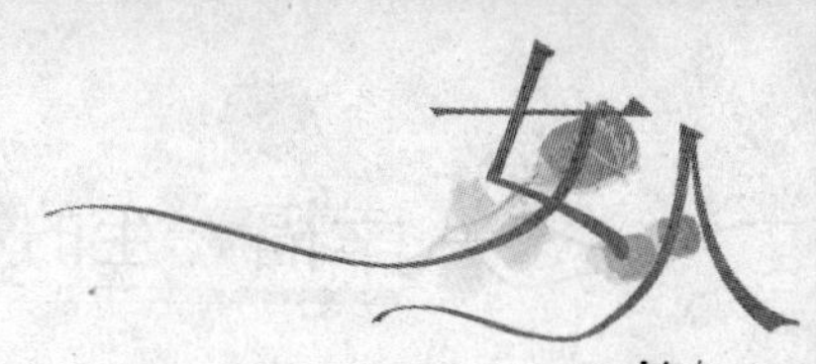

聪明的“傻”女人最幸福

人生处处充满着哲学，女人也不例外，女人的哲学有很多种，但真正能受用一辈子的却只有一种，那就是做个聪明的“傻”女人。

说心里话，其实每个女人都是梦想着自己是既美丽而又聪明的，因为美丽可以使女人更受欢迎，办起事来也容易很多，而聪明却是人生的指路灯，让女人知道自己人生的方向和目标。所以在漂亮和聪明两者不可兼得的情况下，大多数女人会毫不犹豫地选择做个聪明的女人。但还要是一个聪明的“傻”女人，因为只有聪明的“傻”女人才会更容易让男人心动和喜欢，也才更容易获得自己想要的幸福。

一个女人的聪明大致应体现在：巧妙地处理生活中难处之事；恰到好处的把握时机运筹帷幄；智慧地处理好与丈夫、孩子、家人、朋友的关系，让生活简单而和谐，使自己的生活充满阳光；懂得如何使自己得到幸福、快乐；珍惜生活的点点滴滴，乐观向上……

一个聪明的女人不见得事事聪明，有道是：智者千虑必有一失，愚者千虑必有一得；聪明反被聪明误。所以不要自诩自己很聪明，有时候傻一点会更幸福。

在现实生活中，有不少这样的女子，她们才华横溢，知识丰富，可是在与人相处的时候，却并不是很受欢迎。有的女人聪明智慧，当别人在谈话中犯了一些错误的时候，她马上就一针见血地指出来；有的女人因为自己聪明说话咄咄逼人，对别人穷追猛打；有的总是喜欢长篇大论地表达自己的观点，根本不给别人说话的机会，也不管别人是不是喜欢听。所有这些，就是因为女人太聪明，太过锋芒毕露了，结果反而犯了大忌，让人无法接受。

而聪明的傻女人却能够随时记得自己是一个女人，郑板桥说得好："难得糊涂。"花，微开最美；星，半明半昧最迷人；酒，喝到微醺最佳。凡事别过了头，把握好"度"才是最聪明的。

女人因为没有那么多的心眼，才能放开脚步走得更远；因为没有那么多的计较，才赢得更多朋友的拥戴。因为认人为善，不会猜疑；因为啥事没看透，不会烦恼；因为不在乎得失，没有失落感……

女人最可爱的地方就是她的娇柔，精明能干只是运用在她的职场上。记得在一本书上看到过这样一个故事。

有一次，公司里的女主管应一客户的邀请出去吃饭，但也就只有那么一次。因为，吃饭时，女主管把她大学所学的《现代哲学主要思潮》拿出来做话题，一整个晚上都是她在高谈阔论，客户根本插不上嘴，只好埋头吃东西。吃完饭买单时，他很有礼貌地说是他邀请她的，所以应该自己一个人买单，可是她不愿意，坚持要付自己那份餐费。从此以后，没有人再敢请她出去吃饭，因为没有人吃饭时想听演说。相反，而没有那么漂亮能干的助理小姐与客户互动的情况却大不一样。当她被邀请一起进餐的时候，她总是用热情的眼光看着身边的人，说的话也很真诚："你能不能把你公司的情况多告诉我一些，我很好奇，很想知道。"结果，那个客户没有追求女主管，而追求的是助理小姐。

其实女人再怎么聪明能干，内心里也是渴望有人来疼爱自己的。如果在跟男人相处的时候，总是将自己的聪明展示得淋漓尽致，让男人根本没有发挥的余地，这样反而不容易得到男人的宠爱。因为你的太过锋芒毕露，往往让男人感到受到一种威胁，有一种压迫感，所以即使很美丽很聪明，也只会让男人敬而远之。

聪明的傻女人，傻的是外表，聪明的是心灵。傻与聪明往往只有一步之遥，而心灵和外表却相差万里。所以，选择做一个聪明的傻女人绝非易事，它考验的是女人的悟性、胸襟和修养。

聪明的傻女人不管自己的男人做出多么对不起自己的事情，在外

人面前始终都能保持着一脸的傻笑，因为她明白在外人面前所有的哭闹，会让原本简单的事情越来越糟。男人生来都是爱面子的动物，关键时候若是伤了男人的自尊，男人只会更加恨你，反而离你越远。所以，她选择了忍耐，但忍耐并不代表妥协。

回到家里，一连好几天都不再理睬男人，等男人来解释时，聪明的“傻”女人便开始全面反攻。眼泪是女人最好的武器，聪明的“傻”女人往往会以哭泣拉开战斗的帷幕，但男人在眼泪攻势下投降往往都是心有不甘的。于是，女人会深情地望着男人说：“知道我当时为什么可以忍着不发火吗？那是因为我是你老婆，在外人面前我必须给你顾全面子。在这个世界上，除了你的父母真正最关心最爱你的人只有你的老婆……”哭泣加上心理攻势，如此一来，就算是再狂妄、铁石心肠的男人也会心生感激和悔悟，以后便不会轻易重犯了。

所以，做一个傻女人并不吃亏，只要心中有一颗聪明的心灵，并且有宽广的胸襟，人生便处处开满着幸福的鲜花。明朝开国皇帝朱元璋的妻子马皇后便是所有女人的楷模，值得当今社会许多看似聪明的小女人学习。

做个傻女人，是一种满足，愉快地接受所拥有的，常怀感恩的心面对周围的一切，是一种福气，看不出别人的算计，以为生活原本就是这样，更是一种快乐，生活本来就是简单的，何必搞得那么复杂。

做个傻女人，从不用怀疑的眼光看待任何人，用真诚对待所有的人，干净而单纯，凡事不多虑，总能快乐地生活，对人生的感受就是幸福。

没有事事处理周全的人生，所以就别期望自己是个精灵。怀着平凡、平常心态，不求极致，人生岂不更快乐么？

写给女人的心里话

聪明的女人可爱，但聪明的“傻”女人有时候更可爱。所以，女人不要自诩自己很聪明，有时候傻一点会更幸福。做一个傻女人并不吃亏，只要心中有一颗聪明的心灵，并且有宽广的胸襟，人生便处处开满着幸福的鲜花。

有心计的女人更容易生存

美女如果有心计，你就得处处设防，一不留神就会陷入美女给你布下的陷阱。美女如果没有心计，就如同一个漂亮的花瓶，在容颜凋谢的那天，便会被无情地抛弃。所以，有心计的美女可怕，没有心计的美女可怜，与其稀里糊涂地被人玩弄于股掌之间，还不如学会使用心计来保护自己。

生存是摆在众人面前的一个永久课题，生存其实就是一个残酷冷冰冰的过程，大自然法则从来都是适者生存，弱肉强食。不管我们的慈悲心多么深厚，生存的必要条件就是活着，活着就要有代价和牺牲。女人作为弱势群体，不仅要学会生存，更要学会如何更好地生存。

有心计的女人更容易生存，这是一个公认的事实。心计是什么？心计首先是聪明，其次是狡猾，再次是良好的心理素质。只有将三者恰如其分地结合，才能构成心计，缺一不可。

曾经听到过四位年轻漂亮的太太在咖啡厅里的闲聊对话。

第一位太太是四个女人中最温柔贤惠的一位。她有着良好的教育背景，但在结婚后却成为一名百分之百的家庭主妇。她说："我认为要管住深爱的男人就是先要管住他的胃。我每天都变换着各种美味佳肴，最初他每天都很幸福地回家品尝我做给他的佳肴，时间长了，他便不再眷恋我的佳肴，我们的婚姻渐渐地迈入了死亡的边缘。"

第二位太太是一位很有心计的女人。虽然学历不高，但她深知什么是男人的命脉。她说："管住男人的胃只是一种肤浅的做法，想要真正地掌握住男人，就应该抓住他的资本——钱。现代社会没有了钱能做什么事情啊？男人一旦没有了钱，他即使有点什么歪念头，也没有

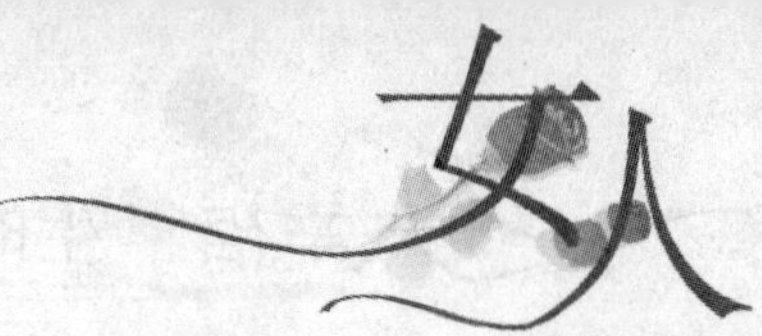

能力去做。所以，抓住男人的钱是最保险的方法。”

第三位太太是最漂亮的一位。因为是公认的美女，所以，在谈恋爱的时候，她是四个女人之中最甜蜜幸福的一位，但她却也是最早告别婚姻的一位。她说：“自从与他恋爱、结婚后，我就认为他是我的唯一，我把什么事情都给他打理得顺顺当当。虽然我这样尽心尽职，可他却说我控制了他的生活自由，结果，我们就分开了。”

第四位太太是婚姻生活最幸福的一位。她说：“我没有想过用任何方法和手段来管住男人，只是尽量在生活中找回我自己。婚姻只是我生活的一部分，我不会因为婚姻而丢失了自己，也不会去约束对方，给双方一定的自由是很重要的。”

这四位太太都很爱自己的老公，在同样爱自己老公的情况下，那么谁更易抓住婚姻的幸福呢？第一位太太是“贤妻良母”型的，是很适合过一辈子的女人，但如果遇上花心的男人，也避免不了被抛弃的命运。第二位太太很有心计，但她永远也得不到真爱。第三位太太太愚蠢，有时候你对男人太好，反而男人感觉不到你的好，反而认为是没有了自由。而第四位太太是真正有心计的女人，不因为婚姻而丢失了自己，给对方一定的空间，这种“若即若离”的形式是保持婚姻持久的最好方法。

每个女子都在身不由己地往成熟里走，每个女子都不得不在世俗的生活里学会用心计。心计不是教你使诈，而是告诉你，做人要懂得防人，用人，成全自己。人生很多时候就是战场，爱情也是，婚姻更是，要想永远掌握主动，学会使用心计那是必然。有些女人很狡猾。其实狡猾也是一种自保的方法，有狡猾却无奸诈，这样的狡猾还是蛮可爱的。

怎么做个有心计的女人呢？以下几点值得女性们借鉴。

1.不要在任何人面前说自己或对方父母的不是

对别人抱怨自己的父母，会让别人对你的家庭与你自己的为人多加揣测，认为你这个人的品行有问题，进而会影响你的人际关系。如果男人在你的面前抱怨自己的父母不理解他，你都只能对他这样说：

“亲爱的，是否先想想你错在哪里？”因为再聪明漂亮的女人也不可能取代血肉亲情。

2.要懂得宠爱自己

自己才是最珍贵的财富，没有自己便没有了一切可能。人生、美貌、情感等都以自己为载体，如果自己都不存在了，就没必要谈论其他事情了。所以，会宠爱自己，才能让别人宠爱你。

3.学会理解，懂得随缘

为人处世，即使美若天仙，也要讲道理。大事坚持原则，小事学会变通。凡是处心积虑做某件事情，就都会或多或少牺牲掉自己的某种东西。爱情和恋爱要随缘，不可强求，但是并不等于不努力。有心计的女人永远不会问这个问题：“为什么不爱我？”

写给女人的心里话

生活不相信眼泪，生活只垂青有思想准备的人。学会心计，其实就是学会更好地生存。女人作为弱势群体，不仅要学会生存，更要学会如何更好地生存，所以，女人一定要有心计。

聪明不外露，做个糊涂的精明人

人们常说：聪明的女人人人爱！但事实却不尽然，许多事实证明聪明的女人有时候也会很让人“倒胃口”，究其原因，就是因为她们锋芒太露，太过张扬，从不去掩饰自己的这种聪明。不懂得适时隐藏聪明，只知道一味“吹毛求疵”的女人，只能让人敬而远之。

一个真正有心计的女人从来不到处炫耀自己的聪明和才华，因为

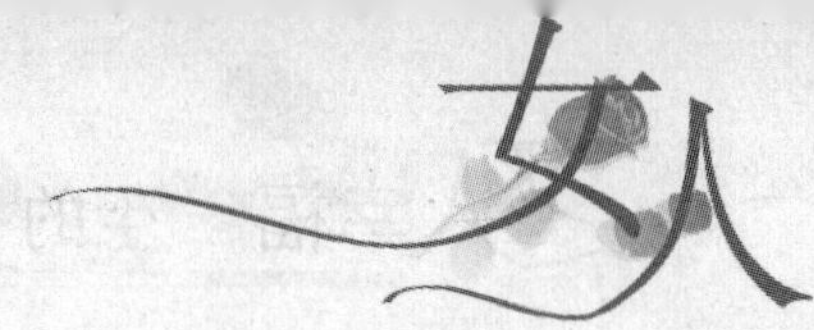

她知道这样做才能更好地保护自己。这样的女人才是真正智慧的女人。因此，想成为一个真正的聪明女人，就不要因为聪明而有恃无恐。要知道，大智若愚才是真正聪明的体现。

一般来说，聪明人可以分为两种：一种是他们不会计较点滴的得失，不会把目光停留在现在，而是会放眼未来，为了将来的成功而不懈努力。这种人表面上看上去很愚笨，实际上在忍耐了别人的讥笑和嘲讽后，得到了自己所追求的东西；还有一种"聪明人"，他们计较一些蝇头小利，只会让自己捡了芝麻，丢了西瓜。这种人表面上看好像得到了很多，实际上却只看到了眼前的小利，恰恰是最笨拙的人。

每个人都希望被人夸奖聪明，聪明外露就是不聪明。与其外露聪明，不如深藏智慧。这样，在爱情、婚姻、工作或人际交往中便能如鱼得水！

1.恋爱时要学会装傻

男人会被你的聪明伶俐吸引，但却没几个男人能招架得住你的轮番进攻，所以，女人要学会适当地把聪明"隐藏"起来。身陷爱情中的男人智商也不会太高，当他做出一些很"拙劣"的事情时，你不妨适当地装装傻，让他在自我表现中获得一点满足，那么他会更加爱你。

2.婚姻中要闭上一只眼

在婚姻中，男人往往喜欢那种明了一切却不点破而且面露微笑的女人，也就是"睁一只眼闭一只眼"的女人。当你发现男人和你说谎时，最好不要当着众人的面戳穿谎言，要给足男人面子。等事后，再找一个机会告诉他你已经知道了这件事，然后不吵也不闹，言外之意，你给他留了面子，不打算追究，但希望他以后好自为之。一个女人做到了这个分儿上，任何一个男人都会被感动的，除非这个男人已经变心了。

3.人际交往要"难得糊涂"

三毛这样说："我最喜欢别人将我看成傻瓜，这样与人相处起来就方便多了。"所以，如果你想在人际交往中获得好人缘，那么就要懂得"难得糊涂"的道理，把出风头的事情让给别人，尽量表现得比别人

"笨"一点儿。这样的话,你就可以获得更多的朋友。

4.职场中要隐藏自己的实力

枪打出头鸟,女人在工作中要深谙进退之道,懂得巧妙地隐藏自己的实力,否则难免会因为别人的忌妒而给自己带来是非。最好采取一种迂回的战术,在同事面前摆出低姿态,首先去聆听、去理解,然后,再以退为攻,最终达到自己的目的,同时让同事以为是自己占了上风。当然,在领导面前你大可不必隐藏实力了。

适当地隐藏智慧是一种为人处事的艺术和技巧,当然,这并不是让女人时时刻刻都去"作假",而是要让女人学会在适当的时候运用这种技巧去趋利避害。

知己知彼,真正有心计的女人不会外露聪明,而是一个糊涂的精明人。

写给女人的心里话

聪明人能装得不让人觉得聪明,那才是真聪明,表面上聪明的人,是不受人喜欢的。聪明的女人要有点心计,不妨放下你的架子,把自己的聪明巧妙地隐藏起来,做一个糊涂的精明人。

女人要学会适度示弱

在自然界中,我们常常看到这样的景象。

山谷中,大雪纷飞,雪花落满了雪松的枝丫,当积雪达到一定程度时,雪松的枝丫就会往下慢慢弯曲,直到积雪从枝丫上一点一点地滑落。风雪过后,雪松完好无损,而其他的树由于没有这个本领,枝丫早

被积雪压断了、摧毁了。

一堆石子压在草地上，小草压在了下面，小草为了呼吸清新空气，享受温暖的阳光，改变了生长方向，沿着石间的缝隙，弯弯曲曲地探出了头，冲出了乱石的阻隔。

在重压面前，松树和小草选择了弯曲、选择了变通、选择了示弱，而正是这种选择，使它们生机盎然。

海滩上有两种不同性格的蓝甲蟹：一种是较凶猛的，从不知躲避危险，与谁都敢开战；一种是温和的，不善于抵抗，遇到敌人，便一味装死。千百年后，人们发现，强悍凶猛的蓝甲蟹成了濒危动物，而性情温和的蓝甲蟹反而繁衍昌盛，遍布世界上许多海滩。

动物学家通过研究发现，强悍的蓝甲蟹一是因为好斗，不是相互残杀，就是被天敌吃掉。而会装死的蓝甲蟹，因为善于保护自己，显示出旺盛的生命力。我们常用毫不示弱来形容勇敢，但时时处处不示弱的蓝甲蟹却渐渐被自然界淘汰出局。

自然界是这样的，在激烈竞争的社会也是如此。对于女人来说，面对压力不低头的是有个性的人，而适当地选择示弱、认输、放弃的人则是聪明的人。

有这样一对同事，一个叫燕子，一个叫玲子，她们两个人年龄相当。巧的是，她们的老公也是同事。可是，她们的生活却大大不同。

燕子是个争强好胜的人，做事果断勇敢，无论有多累，家中的大事小事，事必躬亲。有人劝她：让你老公也做点家务吧。她却说：老公开始的时候也做家务，但是他做的家务总不合她的心意，他做了她再重新做一遍，还要生一肚子的气，还不如自己做呢！

但燕子却经常抱怨自己的婚姻不幸福，她的老公看起来很好的一个人，我们都不相信他会是燕子口中那个懒惰、自私、不管孩子，不替别人着想的人。可是燕子却憔悴不堪，甚至天天偷着流眼泪。

而玲子是我们这些人中最幸福的人，从未听过玲子抱怨过她丈夫，倒是经常见她带着幸福的笑表扬她老公：他都替我做好了；早晨我起床，他就已经把饭做好，包也给我整理好，下雨放上雨伞，晴天放上遮阳伞，我从来不操心，拿起来就走；我喜欢穿高跟鞋，即使出去玩也穿着，他就给我背着平底鞋，你说烦人不？

其实，女人不要太喜欢逞强，不要把自己独立的人格看得太重。如果你总是多做家务，多付出，这样的结果往往就是把老公培养成懒惰、冷漠、不关心对方的人。假如有一天你没擦地板，老公就会生气，认为你没有做你应该做的事情。所以，女人还是示弱一点的好，适当的撒娇也是很有必要的。

女人要善于向丈夫示弱，因为女人柔弱的一面更让人心动不已。

俄罗斯著名心理学家凯琳娜·穆尔塔扎洛娃曾经说过，女人对男人有很多误解，如男人就应该主动一点；男人喜欢口无遮拦和直率的女人；你对男人越糟糕，他对你就越好。其实恰恰相反，一些青梅竹马的小夫妻，婚后就逐渐变了模样。

无论是什么性格的女人，在家庭中要适时示弱，这样会感动丈夫，消除隔阂。

曾经看过这样一个案例。

漂亮的晓雪是博士美女，当年的相亲标准并不高——为人诚恳、有事业心、上进心，就这样，她选择了公务员小张。可是，婚后不到三年，晓雪越来越看不起小张，眼瞅着自己的同龄人也开始坐轿车买洋房，而小张宁愿在筒子楼里知足常乐，晓雪气就不打一处来，摔锅摔盆。她宁愿长期在外地出差，也不愿意陪着不求上进的老公，最终“摔碎”了脆弱的婚姻。如今，小张依然知足地过着简单而平凡的生活，又娶到了一个温柔可心的老婆。但孤身一人的晓雪，却不知道自己错在哪里。

可见，女人不能太聪明、太独立，尤其是在自己老公面前。因为男人都是爱面子的，如果你表现太突出，反而让男人感觉不到温暖，很难与你分享浪漫。所以，女强人在家里要迅速变换角色，在爱人面前，要学会收敛过强的上进心和自尊心。即便丈夫的做法不妥当，也可学着装装糊涂。所以，越是事业成功的女人，越要懂得示弱，这样才会让男人感觉更轻松。

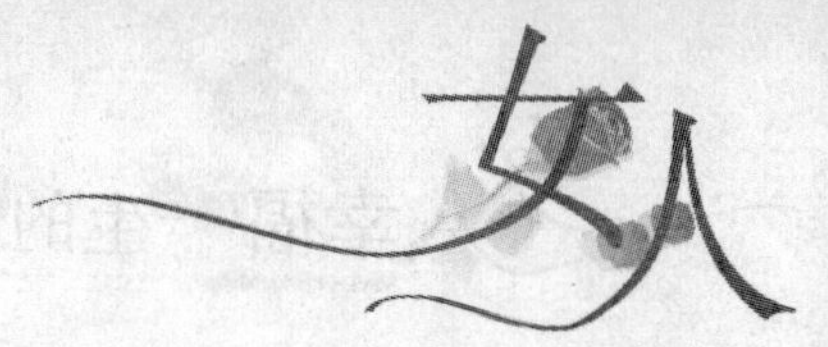

好强的女人是非常辛苦的。在当今社会,女人要想真正适应高节奏的现代社会以求得较好的生存条件,本身就是很不容易的。因为她要摒弃世人对女人能力的偏见,还要克服生理上的局限,同时还得为家庭和孩子做出必要的牺牲,我很能体会到一个好强女人心底的苦楚。所以,她们就应该懂得一些示弱艺术。最好示弱的场所和对象便是家庭和老公,适时地在老公面前撒撒娇和流流眼泪,自然随意地享受一下生活的幸福,也是一种很好的放松方式。

不管是在生活中,还是在职场上,示弱并不代表软弱,适度地示弱其实是在一定限度内寻求妥协和合作,给自己一个游刃有余的空间,是一种以退为进的处世技巧。

有一个女孩这样说:“我是个很强势的女孩子,开始的时候觉得这样挺好的,毕竟强势可以让我有很多新点子,可是后来我发现很麻烦,我的工作量比别人加大了,工资却没涨,同事们戏称能者多劳,还有就是我和同事们的关系不大和谐,他们总觉得我抢了他们的风头,至于那些获得男同事主动帮助的情形,在我身上根本就没发生过,倒是那些装柔弱的,经常会有人主动帮她们。”

在事业和竞争中为了取胜,当然不可以弱示人。但在特定情况下公开承认自己的短处,有意暴露某些方面的弱点,往往是一种有益的处世之道!

以弱示人是一种人生的智慧。示弱可以减少乃至消除不满或忌妒,事业上的成功者,生活中的幸运儿,被人忌妒是客观存在的。在一时还无法消除这种社会心理之前,用适当的示弱方式可以将其消极作用减少到最低限度。

张爱玲说过:“善于低头的女人,是厉害的女人。”其实,善于低头不一定就是自卑,就好像说话声音高的人不一定代表他强大一样。善于低头也不是一味低头,而是适度示弱。成功的女人都懂得在适当的时候收敛、示弱,因为这才是她们真正立于不败之地的法宝。

写给女人的心里话

有一种胜利叫撤退，有一种失败叫占领。示人以弱是生存竞争的大谋略、人生的大智慧。生活中的女人们要学会适时地、适当地“示弱”，只有这样，才能使自己的女人味更足，家庭更幸福，生活更美满。

温柔是女人的制胜法宝

虽然男女表面上看似平等了，但女人依旧处在弱势。作为弱势的女人，为人处世最有力的武器只有一种，那就是温柔。因为女人的美貌，只能征服男人的眼睛；女人的温柔，却可以征服男人的心灵……

几千年的传统教导女人要相夫教子，于是，大多数的女人在家是贤妻良母，在外依旧拼搏事业。但即使女人们这样努力，可有时候还是摆脱不了不幸的婚姻。所以，要做温柔女人而非弱势女人。

一个真正漂亮的女人是不用外表的美丽与否来诠释自己的。美固然能引人注目，但真正令人难忘的女人是：具有似水的柔情、性格善良的温柔女人。温柔的女人是最美丽的！真正的好女人，应该是爱的使者，温柔的化身。

美籍华人，国际金融学博士李玲瑶这样说：“要想被人爱，首先要可爱，温柔是女人的秘密武器。”夫妻相处，生活中琐事太多，大多数时候没什么大是大非，笑笑闹闹化解一些矛盾是一种艺术。

比如妻子买了一台健身器材，回家后丈夫埋怨她乱花钱，妻子顶撞，两人发生口角。这时候女人应该撒娇，摆出一副小女人的委屈表情，泪眼婆娑，嗲声嗲气地说：“我就是想把身材锻炼得苗条些，讨你

喜欢嘛，你干吗那么凶？”

面对这么娇美温柔的妻子，男人还有什么理由发火？因为温柔的女人是最可爱的女人。

女人即使有“沉鱼落雁之容、闭月羞花之貌”，如果没有内涵，丧失了温柔，那么就可能会“金玉其外、败絮其中”。

曾看过一本小说《不得往生》，里面的那个主人公叫许半夏，一个比较胖，长得比较丑的钢铁生意女人。从收垃圾发家，很泼辣很男人，走路永远是风风火火的，吃饭永远大呼小叫的，说话永远是乍乍乎乎的，浑身上下都充满了英雄气概，做事也以义气为重，也最有气度。在钢铁生意中来往的人，都亲切地称呼她为胖子。

小说中的男主人公，一个外企老总，二十七八岁，风度翩翩，才貌俱佳，身边美女不计其数。他有自己的女友，一个长发飘飘、美丽无比、小鸟依人的江南女人，人见人爱，人见人怜。当生意上、事业上出现困难时，他的女友没有像以前那样小鸟依人，温柔甜蜜，却冷讽热嘲，加倍刺激他。而此时作为生意场上的伙伴关系的胖子，却给了他无尽的关怀与帮助，让他在备感世界寒冷的时候得到了最宝贵的温暖。

结果，男主人公选择了胖子，这位人见人爱的美女就这样输给了胖子，并且输得一塌糊涂。

妻子是男人人生中的第二个母亲，如果妻子无法成为男人在外面冲锋陷阵的加油站，无法成为男人伤痕累累时的港湾，那这个妻子就不是一个合格的妻子。女人们一定要记住，温柔才是女人最致命的武器。

有这么一段话把温柔女人描述得淋漓尽致。

温柔的女人，是一场无声的春雨，滋润着你干枯的心灵，舒展你疲惫的枝叶；温柔女人是一杯白开水，看似平凡，却十分解渴。温柔女人，像陈年沉淀的葡萄酒，散发着醉人的芳香，让贪恋美酒的男人们无法抗拒心甘情愿地醉下去。

不过，女人的温柔也是有尺度的，不能一味地示弱，否则就会把你的男人宠坏了。

我有这么一个正在为自己的婚姻苦恼的朋友，她老公领着一个女人离家出走了，一纸离婚诉状递到法院，大有恶人先告状之势。朋友被打了个措手不及：十多年的相夫教子就是这样的一个结局，这个世界疯了。

望着朋友那憔悴的脸，我不知该说什么好！只是笑了笑，说："马上去换一个发型，多买几件好看的衣服。然后吃好、喝好，高高兴兴地去上班！既然他抛弃了你，你干吗还在意他呢？"

朋友苦笑："都这个年纪了，还打扮什么？也许，过段时间他会回心转意的！"

我很生气："你就是太不爱自己了，老是替他着想。其实，坏男人就是叫好女人惯出来的！惯来惯去弄丢了自己，却惯坏了这些男人。"

女人天生就比男人柔弱，可是，一味做弱势女人，就会迷失了自我。温柔并不是缺点，但是，如果变成了纵容就不可取了。很多女人误解了温柔的道理，不停地去示弱，结果最后弄得自己很狼狈。

在婚姻中，女人不仅仅要学会示弱，更要学会怎么让男人去尊重你，而夫妻间只有建立在相互平等、尊重的基础上，才能有和谐的婚姻。

不管怎么说，温柔是女人最动人的特征之一。你可能不是一个女强人，你的学历也可能不高，你的厨艺也可能不怎样好，你的手也许很笨拙，你的长相也很一般，你不能算得上是个俏佳人。但只要你很温柔，这就能使你吸引许多人注意的目光。因为温柔的女人走到哪里，都会受到人们的欢迎。

那么在处世中，怎样才能让自己的表现更温柔可爱呢？你可以从以下几个方面来培养自己的性情。

1.通情达理

温柔的女人对人都很宽容，为人懂得谦让，对人很体贴，凡事喜欢替别人着想，绝不会让别人难堪。所以，温柔的女人必须要通情达理。

2.富有同情心

美国教育专家认为，理解别人的感情、关注别人的需要和感受、富

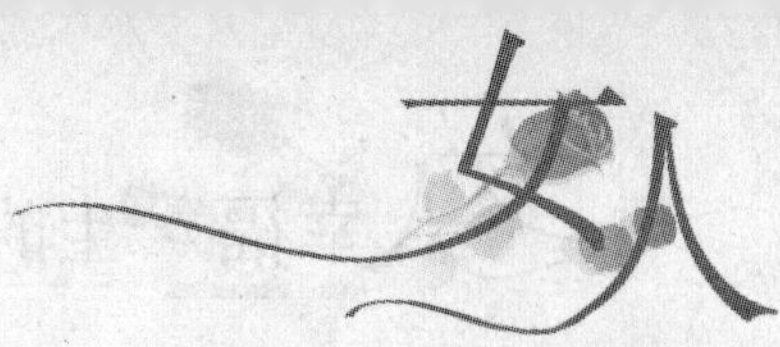

有同情心是良好品质的核心。富有同情心的女人是女人的温柔在待人处世中的集中表现。女人对于弱者、老人、小孩和病人等，都应表现出应有的同情，并尽可能想法去帮助他们。

3.吃苦耐劳

这是东方女人的传统美德。一个吃苦耐劳的女人必定也是一位温柔的女人。

4.温馨细致

让人心动的不是一个女人做出了多么惊人的业绩，而是女人那种适时适地的细心关怀和体贴，最能叫人怦然心动。在细微之处关心别人，最能体现女性的温柔和魅力。

5.善良而不软弱

每一个女人身上都不乏善良的基因，这是上天赐给她们最好的礼物。温柔的女人是不会自私自利、冷漠无情的，反而会用自己的善良去帮助别人。当然，温柔不等同于软弱，温柔是女人的美德，而软弱则是女人要克服的缺点。

6.性格柔和

温柔女人不会遇事不顺就暴跳如雷、火冒三丈。以柔克刚，这是女人的最高境界。性格柔和的女人不会轻易发火，而是用自己的柔情耐心化解矛盾。

总之，温柔可以体现在各个方面，在女人的生活中处处都能体会出温柔的特征。女人们要通过学习，通过认识自己、认识社会和切身体会等途径，去培养自己的温柔。努力做一个温柔的女人吧，因为温柔的女人才最有人爱。

写给女人的心里话

温柔是女人最动人的特征之一，女人可以潇洒、干练、足智多谋，但也不要丢掉温柔。因为一个强势而丧失温柔的女人，注定会孤独，也会寂寞的。真正的好女人，应该是爱的使者，温柔的化身。

女人要拿实力来说话

对于女人来说，美丽、年轻都不是她最大的财富，只有实力才是最重要的，实力就是吸引力，拥有实力的女人，即使年华老去，她在众人眼里依旧是魅力无限，光芒四射。

当今社会，竞争日益激烈，就业竞争越来越大，二十几岁的女人拿什么来立足这个日新月异的时代？是美貌，是家世，还是交际手腕？这些都是女人实力的一种表现，但它们的保鲜期太短，只有知识才是女人幸福的资本。

因为知识不仅创造财富，知识本身就是财富。没有知识就会落伍已成不争的事实。在职场，创造骄人的成绩需要知识；在家庭中，拥有幸福的生活需要知识。知识是女人永远都探索不完的财富，它包含的养分是我们每个人用一生的时间都无法完全汲取的。女人只有勤奋学习知识，再去实践，才能改变自己一生的命运。

杨澜，1968 年生于北京，1990 年毕业于北京外国语学院。上学时，杨澜的成绩都很好。在中央电视台的招考中，她从一千名候选人中脱颖而出，成为《正大综艺》节目主持人，一举夺得金话筒奖。之后，杨澜又到美国哥伦比亚大学留学深造，并取得硕士学位。杨澜常说："是知识改变了我一生的命运。"可见，杨澜因为勤奋读书，努力实践，从而改变了她一生的命运。

女人没有知识，犹如白天没有太阳，黑夜没有月亮。想改变自己的命运，也只能是望洋兴叹了。好在知识可以通过学习得到，可以不断充实我们的大脑。所以，女人必须充实自己，在为人处世时才有说话的实力。

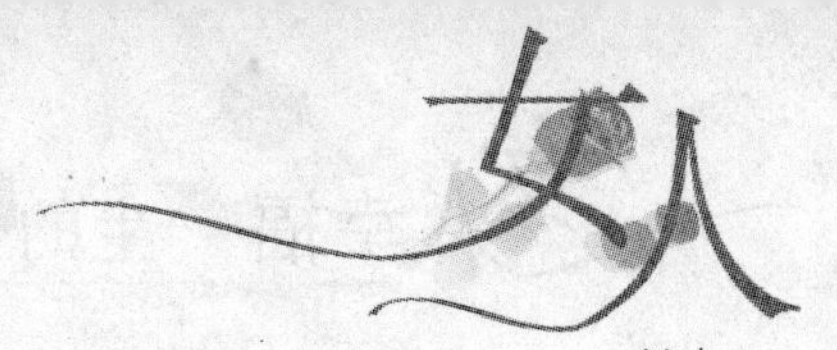

没有人能逃避自然界优胜劣汰的规律，女人想在社会中争取到平等地位，要真正主宰自己的命运，就要培养丰富的学识资本，只有用知识武装的头脑才能获得多样的才能。有学识的女人才能增长智慧，有智慧的女人就可以改变自己的命运。面对知识经济时代的到来，女性如何迎接挑战呢?

1.要把握机遇，增强紧迫感与危机感

女性作为社会的半边天，要有“时代不同了，男女都一样”的时代感，头脑清醒，方向明确，大显身手。在这个问题上，女性应该破除自卑心理，理直气壮地去探索，用实际行动和成果来赢得自立自强。

2.转变生活方式，跟上时代的主旋律

知识经济的出现，不仅给人们带来了经济发展的全新景象，也带来了一系列的新思维。对于女性来讲，要充分发挥女性在处理人际关系时讲求和谐的特点，充分挖掘女性自己的潜能，不应过多地依赖他人，要在自立自强中与时代的主旋律合拍。

3.不断给自己充电

为了让自己不至于被时代的车轮碾碎，必须把自己当做“蓄电池”，要不断给自己充电。现在的社会瞬息万变，尤其是科学技术日新月异，不断给社会生活注入新的内容和活动，要求女性必须不断学习和更新知识体系。不进则退，如果吃老本的话，我们就有可能会渐渐落伍，赶不上时代的要求。

一个女人要成为快乐的女人、幸福的女人，就必须让自己成为一个可持续发展的女人。因为女人最宝贵的不是容颜和年龄，而是自己对自己的经营，实力就是吸引力，一个实力派的女人才能永保魅力。

写给女人的心里话

有实力的女人，才能立于不败之地，在这个竞争日益激烈的社会，只有用知识武装起来的女人，才能魅力永存。

尖酸刻薄的女人讨人厌

每个女人都希望自己是男人眼中的淑女，可从来不会吃亏的你听见旁边有人小声说你是泼妇时，你是否会大发雷霆？

许多女性觉得当众指出别人的缺点，对自己厌恶的人说出内心真实的感受，体现了自己不虚伪，其实，你的这种行为已经被定义为“刻薄”。

在生活中，你是否有这种行为：对别人无意的错误而横加指责、破口大骂、讽刺挖苦、得理不饶人、落井下石的事你都做过。拥挤的公交车上只因被无意踩了一下就开口骂人、自己挤不上去就不许车走、教训老公比儿子还厉害……

如今，极度的冷漠已经让人与人之间无意识地筑起一道高高的墙。其实，不论是你还是我，我们都需要温暖与沟通，而当你把所有的过错都推到别人身上时，于人于己都没有好处，事情也难以得到圆满的解决，只会越演越烈，最后以悲剧告终。

也许，你也不想这样，内心对刻薄得人也嗤之以鼻。但家务事、金钱、男人的不良嗜好、自我空间的缺失等逼你成了现在的样子。现在镜子中的自已经俨然一个黄脸婆，找不到青春的痕迹。

其实，人与人之间的交往，如果达到了真正意义上的尊重与体谅，温厚实在一些，就会避免许多不必要的冲突和矛盾，那么每个人面前的阳光会更加灿烂与温暖。

有人说，愿意少活十年也要娶个漂亮女人为妻，可见女人一漂亮，天生便会拥有万千宠爱于一身。漂亮的女人可以任性，自然有男人愿意去包容；漂亮的女人可以懒散，自然有男人愿意为她做牛做马；漂

亮的女人可以泼辣，自然有男人宠着爱着；但是漂亮的女人千万不要尖酸刻薄，因为没有男人可以忍受动不动就冷嘲热讽的女人。

生活中，女人常常会莫名其妙不让你高兴，情不自禁说刻薄的话。有人说刻薄可能源于能力不足，也可能源于心胸狭窄，其实，刻薄的人还可能是因为不幸福。如果你不喜欢赞扬别人，很看不惯所有的花朵，可能意味着你开始不快乐。越是强者，越宽厚；越是幸福的人，越能欣赏、悦纳别人的好。

代对伐说："挎把大洋刀出来吓唬谁呢？"伐对代反唇相讥："裤腰带都丢了，还有脸出来混？"

6对9说："整天拿大顶你累不累啊？"9对6冷笑："你整天大头朝下累不累啊？"

5对2说："你看你奴颜婢膝那个样儿。"2对5撇嘴反问："你怎么就不说说你自己那腐败的大肚皮呢？"

这类尖锐刺耳的对话耳熟能详，在开心笑过后，你是否想过，如果把这些话用在你身上，你会是什么感受？如果你就是说这种话的人，你还会讨人喜欢吗？既然你也不想被伤害，你为何要伤害别人？这个问题值得每一位女性深思。

有一次，在咖啡屋里听两半老徐娘在肆无忌惮评论一个携外籍男友买单离去的女孩，说她的腿很短：看来她不能穿高帮皮鞋的了，不然鞋帮要碰到屁股……还见过街头一丑一胖在吵架，胖女被骂是"吃了激素的猪"，胖女冷笑："起码我曾经瘦过，你，美过吗？"

这种刻薄的话只会让你变得更加丑陋，不仅是外表，还有心灵。所以，女人千万不要尖酸刻薄，特别是漂亮的女人，因为女人一旦尖酸刻薄起来是很可怕的，再漂亮的外表也会让人觉得讨厌。

也许你也不想刻薄，自己也想改的，只是不是半途而废，就是怎么也做不到。所以，常常会为自己刻薄的行为后悔，可是下次还会照做不误。如果你被指责为一个刻薄的人，那么，你该如何改正呢？

1.从心底为别人着想

要想做个"不刻薄"的女人，只需从心底深处为别人多着想，多点尊重，多点理解，就会对老人生出一份尊重，对孩子怀有一份怜爱，对爱人存有一份包容。女人拥有一份大度后，会使人与人之间多一些宽容与理解，少一些计较与猜疑，宽容别人就是善待自己。

2.三思而后行

女人在说话办事前，先想一想，掂量一下，说出的话会不会伤人，如果伤人，就换个说话的方式。只要说话谨慎一些，自然就会远离尖酸刻薄。

3.沉默是金

言多必失是亘古不变的道理，沉默是金，女人要学会保持沉默，因为沉默是克服语言尖酸刻薄的一个最好方法。但沉默并不是让你不说话，而是应该选择适当的时机，用适当的话表达你的想法。

4.退一步海阔天空

尖酸刻薄的人总爱发脾气，如果遇事后，能克制自己，退一步，就会克服这种缺陷，避免矛盾升级，无法收拾。

5.加强自身修养

一个人只要眼界宽了，境界高了，就会变得宽容、善良了。所以，女人要加强自身修养，不要把刻薄当成自己的本事。

写给女人的心里话

如果一个女人深陷在刻薄之中，那么，她一切的美都会消失无踪，而对自己以及周围的每一个人都会造成不同程度的危害。女人要从心底深处为别人多着想，多点尊重，多点理解。远离尖酸刻薄的语言，才会拥有幸福快乐的生活。

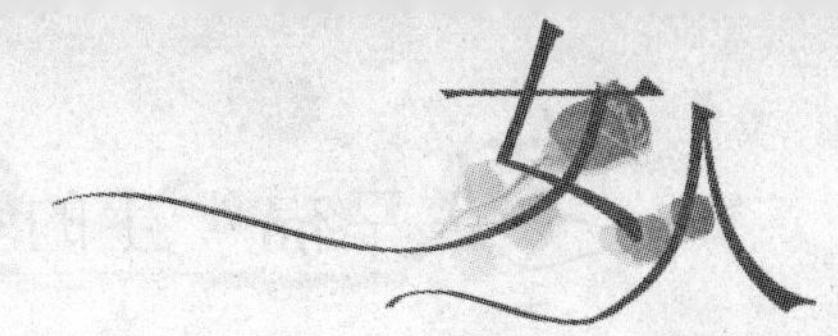

宽容的女人更美丽

穿梭在茫茫人海中，面对一个小小的过失，常常用一个淡淡的微笑，一句轻轻的道歉，便可带来包涵谅解，这是宽容；在人的一生中，常常因一件小事、一句不注意的话，使人不理解或不被信任，我们不要苛求任何人，以律人之心律己，以恕己之心恕人，这也是宽容。所谓“己所不欲，勿施于人”说的也是这个道理。

宽容是一种非凡的气度，宽广的胸怀，是对人、对事的包容和接纳。女人的宽容更是一种高贵的品质、崇高的境界，是精神的成熟，心灵的丰盈。女人要想成为一个生活中的强者，就应该豁达大度，笑对人生。有时一个微笑，一句幽默，也许就能够化解人与人之间的怨恨和矛盾。

心理学家指出：适度的宽容，对于改善人际关系和身心健康都是有益的，这种宽容，指的是对于子女或别人在生活、工作、学习中的过失、过错采取适当的“羞辱政策”，有效地防止事态扩大而加剧矛盾，避免产生严重后果。

大量事实证明，不会宽容别人，也会殃及自身。过于苛求别人或苛求自己的人，必定处于紧张的心理状态之中。

有一位女性，才华容貌都很出众，可在事业上却一直不顺利。为什么呢？很重要的一个原因就是她太精明了。每次与朋友见面聊天，总是听她抱怨、指责别人，这些人包括她的合作伙伴、朋友以及下属，她会一针见血地指出每个人的缺点和不足，然后抱怨同这些人相处有多么困难。朋友劝她：与人相处要尽量地看人长处，用人长处，不要老盯着别人的缺点不放。但她依然如故，自己的生活也依然很不顺心。

有不少优秀的女人都有这样的毛病,她们自视甚高,自律甚严,在她们眼中,周围的人身上全是毛病,她们用自己的标准和好恶去衡量、要求别人。这些女人虽然精明,但少了一份聪明的糊涂和容人的胸怀。这样的女人虽然能果断地处理一些事情,但在大多数情况下是不受欢迎的。

圣人告诫我们:爱那些你原本憎恨的人,善待憎恨你的人;对于诅咒你的人,要送给他祝福;对于凌辱你的人,要为他祷告。报复他人是一件极其愚蠢的事。

许多女人都有“遇事想不开”的心理倾向,所以,女人要学会宽容,只有懂得宽容的人才能更快乐地生活。给别人带来幸福的同时,给自己也带来快乐。

三国时,诸葛亮初出茅庐,刘备称之为“如鱼得水”,而关、张兄弟却未然。在曹兵突然来犯时,兄弟俩便对诸葛亮冷嘲热讽,诸葛亮胸怀全局,毫不在意,仍然重用他们。结果新野一战大获全胜,使关、张兄弟佩服得五体投地。如果诸葛亮当初跟他们一般见识,争论纠缠,势必造成将帅不和,人心分离,哪能有新野一战和以后更多的胜利呢?

宽容是一种博大的胸怀、洒脱的态度,也是人生最高的境界之一。它能包容人世间的喜怒哀乐,能使人举止大方磊落。一般说来,宽容的人也容易感到快乐。只有宽容,才能“愈合”不愉快的创伤;只有宽容,才能消除人为的紧张。

一位老妈妈在50周年金婚纪念日那天,向来宾道出了她保持婚姻幸福的秘诀。她说:“从我结婚那天起,我就准备列出丈夫的10条缺点,为了我们婚姻的幸福,我向自己承诺,每当他犯了这10条错误中的任何一项的时候,我都愿意原谅他。”有人问,那10条缺点到底是什么呢?她回答说:“说实话,这50年来,我始终没有把这10条缺点具体地列出来。每当我丈夫做错了事,让我气得火冒三丈的时候,我马上提醒自己:算他运气好吧,他犯的是我可以原谅的那10条错误当中的一个。”

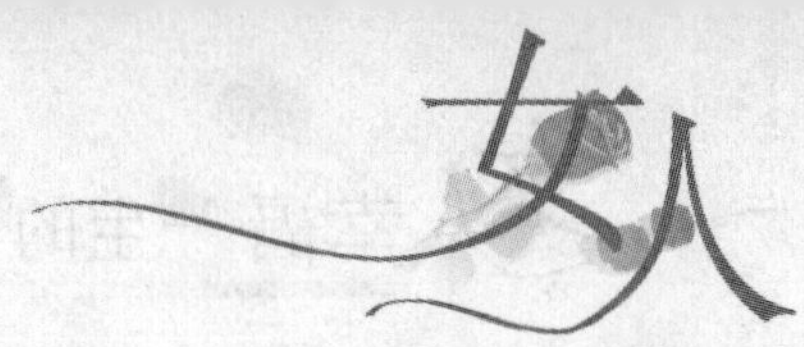

可见，在漫长的婚姻旅程中，不会总是艳阳高照，也会有风霜雪雨。面对生活中的一些小矛盾，如果能像这位老妈妈一样，学会宽容和忍让，幸福就会伴在我们左右。

女人要学会宽容，对别人多一点宽容，也是在宽容自己。“人非圣贤，孰能无过？”每个人都会犯错误，如果你想别人原谅你的失误，那么，首先要学着宽容别人。宽容的女人更美丽。

写给女人的心里话

宽容是一种博大的胸怀、洒脱的态度，也是人生最高的境界之一。如果你保持一颗宽容的心，以善意的理解和关爱忍下一时之气，那么就不会伤害周围的人。女人们要切记：学会宽容和忍让，幸福就常伴左右。

学会戴着面具行走

有一些女人，时而妩媚，时而严肃，时而楚楚可怜，时而故作矜持，无论怎样都吸引着周围人的目光，而众人却不知道哪一面才是她的本来面目。

生活在都市里的女人们，有时候就像置身在一场盛大的假面具舞会中。每个人都戴着假面具，伪装着自己真实的表情和身份，同时还隐藏着自己的弱点和真正用心。也许你会说生活应该是单纯而美好的，为什么要戴着面具呢？其实，这是现实无奈的选择，在这个纷繁复杂的社会，如果想要更好地生活下去，就要学会在适当的时候戴着面具行走。

学会戴面具，就是要学会“变脸”。虽然在某种意义上，“变脸”让人觉得不可捉摸，缺乏一种真诚，但在现实社会中，随着环境的变化，戴上不同的面具，也是一种圆融的处世态度。

现代生活中的女人，特别是职业女性，一般要注意以下几点。

1.注意谨言慎行

在生活中，什么样的处境我们都会碰到，什么样的人我们都可能遇到。没有一帆风顺的生活，你既会遇到正直磊落的君子，也会遇到诡计多端的小人。你如果不留神说话的分寸、对象或技巧，就很容易自找麻烦，惹祸上身。所以，女人应该先学会适应周边的环境，学会保护自己。不要随便乱说话，待人处事谨慎一点，把握好主动权。

2.适当戴戴各种面具

很多职业女性要参加一些与单位有关的社交活动。下班后，与同事一起喝茶聊天，与同事、与上司打打“社交牌”。但是，无论在任何时候，你都不要交出全部真心。同事之间，存在利益上的竞争与冲突，如果你轻易地亮出自己的底牌，会给自己留下无穷的隐患。

3.掩盖自己的企图心

为了升迁加薪，人们经常斗得头破血流，甚至还会通过种种开后门、托关系的方式达到自己的目的。面对人与人之间的钩心斗角，尔虞我诈，女人在全力以赴力争上游时，不要暴露自己向上爬的企图心，这样会给自己减少很多麻烦。聪明的女人在积极争取机会的时候，常常会自然地摆出一副“全力拼搏，不求回报”的超然态度，这也正是为了避免让自己成为众矢之的。

绝大多数的女人天生就具有表演的天赋，而且防备心理也相对重一些，所以，女人要在适当的场合戴上面具行走，这样处世就更加容易了。

写给女人的心里话

戴上面具并不代表虚伪，而是处世的一种策略和心计。在这个纷繁复杂的社会，女人戴上不同的面具，也是一种圆融的处世态度。女人要给自己多留一个心眼，这样在交际中才能左右逢源，如鱼得水。